Anonymous

Pfalz-Baierische Erdbeschreibung

Anonymous

Pfalz-Baierische Erdbeschreibung

ISBN/EAN: 9783744700962

Hergestellt in Europa, USA, Kanada, Australien, Japan

Cover: Foto ©berggeist007 / pixelio.de

Weitere Bücher finden Sie auf **www.hansebooks.com**

Pfalz · Baierifche
Erbbefchreibung

enthält:

die Pfalzgraffchaft am Rhein, die Her̄zog=
thümer Baiern, Gülch und Berg, die Land=
graffchaft Leuchtenberg, die Herrfchaften Ra=
venftein, Erkelenz, das Markgrafthum
Berg op Zoom, die Herrfchaften
Winnendal, Breßkens und
Breßkens = Sand
in Flandern.

Zur Unterftützung der unglücklichen Einwohner des
Herzoglich Pfalzzweibrückifchen Landftädtchens
Kufel herausgegeben.

Namentliches Verzeichniß

der

auf die zu Unterstützung der unglücklichen Herzoglich Pfalzzweibrückischen Stadt Kusel gedruck-
ten Pfalzbaierischen Erdbeschreibung sich unter-
zeichneten Herrn Abnehmer.

———⌣———

	Stücke.
Bamenthal. Herr Hilspach, reformirter Pfar-rer	I
Herr Schild, Pfarr · Vicarius	I
— Schneckenberger, Schultheiß	I
Bargen. Herr Fleck, Katholischer Pfarrer	I
Darmstadt. Herr Butte, Hochfürstl. Hessenbarm-städtischer Rath	2
Herr Hesse, H. H. D. Kriegszahlmeister	I
— Hofmann, H. H. D. Kriegsrath	I

Herr

Namentliches Verzeichniß ꝛc.

Herr

Namentliches Verzeichniß :c.

	Stücke.
Herr Abraham Fießer, Rentmeister	I
— Georg Fießer,	I
— Johann Hahn, Gerichtsverwandter	I
— Abraham Treiber Kranzwirth,	I
— Georg Jakob Treiber,	I
— Peter Treiber,	I
— Leonhard Zöbeley,	I
Epfenbach, Herr Hofmann, luth. Pfarrer	I
Herr Ulmann, reformirter Pfarrer	I
Erbach, Fürstenau und König. Die Hochgräflichen regierenden Häuser und hochderselben Kanzleyen	18
Eschelbrun. Herr W. Glock, luth. Pfarrer	I
Feudenheim. Herr Justus Benzinger	I
Herr Joh. Michael Bohrmann	I
— Valentin Bohrmann	I
— Hauptmann Gyßling	I
— Pfarrer Gyßling	I
Frau Inspector Heppin	I
Herr Johann Sohn	I
Friedrichsfeld. Herr Peter Georg Maaß,	I
Habitzheim. Herr Camesasca, Hochfürstlich Löwensteinischer Regierungsrath und Amtsverweser	4

Hand=

Stücke.

Handschuchsheim. Herr Johann Apfel, Centschöff und GerichtsVerwandter | I

Herr Johann Friedrich Apfel, Burger | I

— Johann Michael Apfel, Burger und Ortsvorsteher · · · | I

— Karl Bender, reformirter Pfarrer | I

— Andreas Birkel, Burger · | I

— Michael Böhrle, Burger · | I

— Johann Jakob Elfner, Burger · | I

— Michael Genthner Senior, Burger | I

— Michael Genthner, Burger · | I

— Justus Heinrich Grun, Burger und Schmiedsmeister · · | I

— Ezechiel Hauck, Burger und reformirter Kirchenältester · · · | I

— Johann Georg Heckmann, Burger und Wagnermeister · · · | I

— Johann Michael Heß, Burger · | I

— Conrad Eberhard Hübsch, Gerichtsverwandter · · · | I

— Johann Hermann Hübsch, Burger und Müllermeister · · · | I

— Michael Kohler, Burger · | I

— Eberhard Lenz, Burger und Kiefermeister | I

— Johann Benedikt Lenz, Burger und Gastwirth zum schwarzen Adler · | I

— Johann Georg Lenz, Burger und Kiefermeister · · · · | I

— Johann Jakob Mergel, Burger · | I

Herr

Namentliches Verzeichniß ꝛc.

Stück.

Herr Georg Henrich Mutschler, Burger und Müllermeister ꞏ ꞏ ꞏ ꞏ I

— Joh. Michael Mutschler, Burger und Gast-
wirth zum goldenen Lamm ꞏ ꞏ I

— Justus Henrich Mutschler, Burger und Mezgermeister ꞏ ꞏ ꞏ I

— Peter Nägele, Burger ꞏ ꞏ I

— Peter Neureuter, Burger und Maurermeister I

— Karl Rottmann, geistlicher Administrations-
Waisenschafner ꞏ ꞏ I

— Johann Rumer, Burger und Wagnermeister I

Frau Anna Barbara Seitzin, angesehene Bürgers
Wittib ꞏ ꞏ ꞏ I

Herr Johann Jakob Schmid, Burger und Gast-
geber zum goldenen Trauben ꞏ I

— Johann Simon, Burger, Beckermeister und
ref. Kirchenältester ꞏ ꞏ I

— Ezechiel Spelz, Burger ꞏ I

— Joh. Vetter, ref. Schuldiener ꞏ I

— Jakob Wolfgang, gemeiner Diener I

— Benedikt Ziemer, Burger ꞏ I

Haßloch. Herr Strunz, Pfarrer ꞏ I

Heddesheim. Herr Henrich Alles, ꞏ I
Herr Jakob Bähler, ꞏ ꞏ I

— von Faber, Kurfürstlicher geistlicher Rath und
Pfarrer ꞏ ꞏ ꞏ I

— Hermanni Pfarrer ꞏ ꞏ I

— Joh. Nikolaus Karl, ꞏ I

3 Herr

Namentliches Verzeichniß ꝛc.

	Stücke.
Herr Joh. Ludwig Kleinhans,	1
— Bernhard Kniel, reformirter Schullehrer	1
— Johann Mors,	1
— Johann Petter,	1
— John Rohr, vom Muckensturmer Hof	1
— Georg Wanner,	1
— Weißbrod,	1
Heidelberg. Herr Kasimir Achenbach, Kurpfälz. geistl. Abministrations = Rath	1
Herr Franz Alef, K. wirkl. Hofgerichts und geistl. Abm. Rath	1
— H Bager, Pfarrer zu St. Peter	1
— Friedrich Daniel Baßermann, Gastgeber zu den drei Königen	1
— Karl Ludwig Bettinger, K. geistl. Abm. Rath und Fiskal	1
— von Bibiena, Kurfürstl. geistl. Abministrations = Rath	1
— Burzler, Advokat	1
— Anton Cetti, K. geistl. Abm. Rechnungs = Revisor	1
Die löbliche Dechanei,	3
Herr Franz Decker, Kurfürstl. Ausfaut	1
— Purkard de Pre, K. geistl. Abministrations = Rath	1
— Theodor Dörr, K. geistl. Abmin. Rath und Prokurator	1
— David Ehrmann, Rathsburgermeister	1

Herr

Namentliches Verzeichniß ꝛc.

Namentliches Verzeichniß ꝛc.

Namentliches Verzeichniß ꝛc.

Namentliches Verzeichniß 2c.

	Stücke.
Herr F. G. Sartorius, Stadtschreiber	1
— Schäffer, Werkmeister	1
— P. C. Schmitz des Franziskaner Ordens b. G. D. der Rechten ausserordentl. Lehrer	1
— F. J. Schmitz, K. geistl. Adm. Rechnungs- Revisor	1
— M. Schmüling, Weltpriester	1
— Adam Schneck, K. geistl. Adm. Rath.	1
— Henrich Wilhelm Schügens, K. geistl. Adm. Expeditor	1
— Joh. Schwab , b. G. u. W. D. der Physik und Naturgeschichte öffentl. ordentl. Lehrer	1
— Joseph Schwarz, K. geistl. Adm. Renovator	1
— G. A. Succow, b. W. u. A. D. Pfalzzweibrü- ckischer Hofrath, öffentl. ordentl. Lehrer der reinen und angewandten Mathematik, der Na- turlehre, der Naturgeschichte und der Chymie	1
— Joh. Wilhelm Steinwarz, K. Oberamtsschreiber	1
— Jakob, Edler von Traiteur des H. R. R. Ritter, K. wirkl. Hofgerichts = Rath und Stadtdirektor	1
— Joh. Andreas Edler von Traiteur, des H. R. R. Ritter b. W. D. der Civil und Militär Bau- kunst , und der praktischen Geometrie ordentl. öffentl. Lehrer, auch geistl. Administ. Rath und Baukommissär	1
— Franz Ludwig Trommer, K. geistl. Adm. Rath	1
— Umbstätter, Posthalter	1
— Johann Jakob Urich,	2
— J. B. Verhas, Kurfürstl. Hofkeller	1
— J. W. Vielliefon, K. geistl. Adm. Kanzelist	1

Herr

Namentliches Verzeichniß ꝛc.

* * *

Herr

Stücke.

Herr Adam Lingel, Katholischer Pfarrer der Pfarrei
Ozberg, auch Garnisons = Pfarrer   12

Käferthal. Herr Koch,   1

Herr Henrich Kühlthau,   1

— Lemaistre,   1

— Jakob Sponagel,   1

— Mathias Vierling', ref. Schuldiener   1

Ladenburg. Herr Boehme, reformirter Pfarrer   1

Herr Michael Ernst,   1

— Philipp Andreas Ernst,   1

— Wilhelm Ernst,   1

— Leonhard Frey,   1

— Michael Frey,   1

— Friedrich Herbel,   1

— Michael Kipp,   1

— Karl Kling,   1

— Michael Klump,   1

— Friedrich Lehlbach,   1

— Georg Konrad Lehlbach   1

Frau Maria Lehlbachin,   2

Herr Wilhelm Meng,   1

— Johann Christian Merkel,   1

— Karl Philipp Müller   1

— Philipp Jakob Reinecker, Stadtschultheiß,
Schafner zu Weinheim, dann Collector, Prä-
stuzmeister und Kirchenschafner zu Ladenburg.   1

— Christian Remellus,   1

— Jakob Heinrich Scherb,   1

Herr

	Stücke.
Herr Jakob Sizler,	1
— Hyronimus Sollner,	1
— Peter Ludwig Stich,	1
— Adam Wagner,	1
— Nikolaus Wiederholt,	1
— Michael Wolf,	1
— Nikolaus Wolf,	1
— Matthäus Zechner,	1

Lampertheim. Herr Abegg, reformirter Inspector und Pfarrer — 1

Lichtenberg. Hochf. Heſſendarmſtädtiſche Dioceſ Inspector Herr J. Dav. Krämer, Konſiſtorial= rath, Definitor und Pfarrer zu Reinheim u. Ueberau — 4

Groſenbieberau. Herr Phil. Gerl. Kröll, Pfar= rer — 1

Herr Phil. Peter Ayrer, Diakonus und Predi= ger zu Lichtenberg — 1

Gundernhauſen. Herr Phil. Chriſt. Sartorius, Pfarrer — 1

Neunkirchen. Herr Chriſt. Fried. Klein, Pfar= rer — 1

Niedermodau. Herr Georg Ludwig Fröbel, Pfarrer — 1

Oberamſtadt. Herr Johann Friedrich Scriba, 1

Rohr=

Namentliches Verzeichniß ꝛc.

Frey=

Stücke.

Freyherr von **Massenbach**, Lieutenannt unter dem Kurpfalzbaierischen 12ten Fusilier = Regiment. I

Herr Franz May, K. wirkl. Generalkassesekretär I

— Christoph von Meßbach, K. Hofkammer Eivilregistrator   =   = I

— Paul Mezger, K. Regierungs = Kanzelist I

— Matthias Joseph Müller, K. Hofkammerrath und wirkl. Hofkammersekretair   = I

S. T. Herr Karl von Pfister, Kurpfalzbaierischer General = Lieutenannt der Infanterie, Chef des Ingenieurkorps und Directeur der Vestungen   •   =   = I

Herr Rudersheimer, Waagemeister   • I

— Johann Gottlieb Sauer, K. Hofforstkammer Registrator   =   = 2

— N. Schedel, Kaiserlicher Feldpost=Sekretär 2

— Joseph Schantz, K. Regierungs = Sekretär I

— Schuk, Schumachermeister   = I

— Elias Stengel, K. Hofkammerrath zugleich Frucht = Wein = und Fouragekommissär, auch Rhein = Rueg = dann Jagdschiffe = und Rheinbrückenkommissär   =   = 3

— Traiteur, Kaufmann   = I

{ Zwey Unbekannte 2 St.
 Ein Unbekannter 1 St.
 Zwey Unbekannte 2 St.
 Ein Unbekannter 1 St.
 Ein Unbekannter 1 St. }   Ungenannt   7

H. T. Herr Johann Goswin Wibber, Kurfürstl. geheimerrath und Hofkammer = Vicedirektor I

Mauer.

Namentliches Verzeichniß 2c.

	Stücke.
Mauer. Herr Koester, Evangelischer Pfarrer und L. Rath zu Heidelberg	2
Herr Martin, Schultheiß	1
Meckesheim. Herr Maurer, Schultheiß	2
Herr Sinn, reformirter Pfarrer	2
Neckerau. Herr Abraham Candidus, reformirter Pfarrer	1
Herr Franz Friederich Eiffert, K. Hofkammer-Renovator	1
— Philipp Gunth,	1
— Johann Georg Heck,	1
— Michael Kochenberger,	1
— Joh. Philipp Kunzler,	1
— Philipp Kupferschmid	1
— Johann Philipp Lengfelder, reformirter Schuldiener	1
— Henrich Peter Mayer,	1
— Georg Mayfarth,	1
— Joh. Mayfarth,	1
— Valentin Oehlschlager,	1
— Adam Orth,	1
— Christoph Orth,	1
— Georg Ludwig Orth,	1
— Johann Georg Orth,	1

Herr

Namentliches Verzeichniß ꝛc.

	Stücke.
Herr Philipp Peter Orth,	1
— Valentin Orth,	1
— Peter Weibner,	1
— Johann Jakob Wörns,	1
— Valentin Wörns,	1
Neckergemünd. Herr Hilspach, reformirter Pfarrer	2
Ozberg. Herr K. W. Siebein, Kurpfalzbaierischer Oberstwachtmeister und Kommandant der Bergvestung	1
Herr Karl Judith, Garnisons = Fourier und Filial-Kasernen = Verwalterey = Verweser	1
Ostersheim. Herr Sund, Rentmeister	2
— Herr Warf, Müllermeister	2
— Zentmayer Anwald	2
Reichardshausen. Blinzing, Evangel. Pfarrer.	1
Rohrbach Oberamts Heidelberg. Herr Bruch, Herzogl. Pfalzzweibrückischer Grenzjäger	1
Herr Burkmann Herzogl. Hofjäger	1
— Fischer, Herzogl. Hofjäger	1
— Gerhard, Herzogl. Mundkoch	1
— Mannssperger,	2
— Schäfges, d. R. R.	3
— Stauch, Kurfürstl. Förster zu Rohrbach	4

* * 5

Sand=

Stücke.

Sandhofen. Herr Johann Beck,	1
Herr Christoph Bohrmann,	1
— Tobias Bohrmann	1
— Jakob Ganther,	1
— Johannes Ganther,	1
— Friedrich Herbel;	1
— Georg Herbel,	1
— Tobias Herbel,	1
— Friedrich Ihle,	1
— Ritter, reformirter Pfarrer	1
— Johannes Rupp,	1
— Georg Sponagel auf dem Schaarhof,	1
— Jakob Sponagel,	1
— Johann Weickel,	1
Schrießheim. Herr Georg Auchter, Wundarzt	1
Herr Jeremias Blauhorn, Burger und Mehlhändler	1
— Philipp Friederich Brecht, reformirter Pfarrer	1
— Matthias Bröhl, Rathsburgermeister	1
— Franz Carque, Burger und Müllermeister	1
— Georg Michael Dremel, Rathsverwandter	1
— Johann Georg Dremel, Burger, Specerey= und Mehlhändler	1
— Georg Forschner, Burger und Mezgermeister	1

Herr

Namentliches Verzeichniß ꝛc.

Stücke.

Herr Johann Peter Forschner, Burger und Mez=
germeister = = = 1

— Johann Valentin Forschner, Burger, Mez=
germeister und Ochsenwirth • 1

— Georg Frölich, Burger und Mehlhändler 1

— W. L. Grohe, Cent = Aktuar = 1

— Johann Ludwig Held, Handelsmann 1

— Sebastian Heß, Cent = Aktuar = 1

— Georg Käß, Burger und Weinwirth 1

— Martin Adam Krauß, Kauf= und Handels=
mann = = = 1

— Johann Simon Lehlbach, Burger und Mül=
lermeister • • • 1

— Nikola Lissignolo, Kurfürstl. Rath, Zentgraf,
Zentschreiber und Schultheiß • 1

— Georg Ludwig Lucius, Gerichtschreiberey Aktuar 1

— Franz Mayer, Gerichtschreiber = 1

— Valentin Müller junior, • 1

— Johann Peter Röscher, Burger und Kiefer=
meister = • • 1

— Riedinger, Centknecht = 1

— F. Ch. Schaum, Lutherischer Pfarrer 1

— Burkard Schauer, Burger und Müllermeister 1

— Henrich Vohr, Burger und Weinwirth 1

— Karl August Weiß, katholischer Pfarrer 1

— Johann Albrecht Weller, • 1

— Ferdinand Wolfgang, Anwald 1

— Karl August Zimmermann, Kurfürstlicher
geistl. Administrations = Keller, 1

Schwe=

Namentliches Verzeichniß ꝛc.

Stücke.

Schwezingen. Herr Karl Balbino, Kaplan — 1

Herr Bandschab, Chirurgus — 1

— Bleß, Anwald — 1

— Bron junior, Kurfürstlicher Förster — 1

— Thomas Büchler, Apotheker — 1

— Christoph Centmayer, — 1

— Abraham Dußberger, Burger — 1

— Faber, Gerichtschreiber — 1

— Wilhelm Frey, Kurfürstlicher Oberschultheiß — 4

— Germany, Gerichtsverwandter — 1

— Johann Gund, Burger — 1

— Johann Valentin Hofmeister, Kurfürstl. Kirchenrath Theol. und Inspector der Klaß Ladenburg, wie auch Pfarrer allda — 1

— Hofmann, Wirth zum Prinz Karl — 1

— Hofmann Wildmann, Wirth — 1

— Wilhelm Kall, — 1

— Johann Eberhard Lautenschlager, Studiosus Theologiæ — 1

— Georg Nitsch, Rentmeister — 1

— Leonhard Pfeifer, Mezgermeister — 1

— Renkert, Ochsenwirth — 1

— Jakob Schalk, Kurfürstlicher Zollberenter — 1

— Peter Schlegel, Burger — 1

— Schnepper, Chirurgus — 1

— Ludwig Sikell, K. Hofgärtner — 1

— Seitz, Bierbrauer — 1

Herr

Namentliches Verzeichniß ꝛc.

Stücke.

Herr Johann van Winder, Kurf. zter Hofgärtner   1

— Theodor Zeller, Kurfürstl. Burgvogt auch
Keller allda und zu Werschau   =   4

Seckenheim. Ohne Namen   =   4

Spechbach. Herr J. Falck, Katholischer Pfarrer   1

Herr Fleckenstein, Schultheiß   =   1

Umstadt. Herr Franz Beithorn, Kurfürstlicher
Gefällverweser und Obereinnehmer allda und
zu Ozberg   =   =   6

Herr Bergmann, Lutherischer Pfarrer   1

— Braun, reformirter Pfarrer   =   2

— Peter Christian Dietz, Hochfürstlich Hessen-
darmstädtischer Regierungsrath und Amtmann   6

— Ludwig Friedrich Handwerk, Hochfürstlich Hessen Darmstädtischer Rentmeister   =   2

— Christoph Wilhelm Hofmann, d. W. u. A. D.
H. H. D. Hofrath und Oberamts = Physicus
allda und zu Ozberg   =   2

— Hofemann, reformirter Inspector der Klaß
Umstadt auch erster Pfarrer allda   1

— Knös, lutherischer Pfarrer   1

— Sartor, freiherrlich von Wamboldischer Amtmann   =   =   1

— Saullinger, Katholischer Pfarrer   1

— Scriba, Lutherischer Inspector der Dioces
Schafheim und erster Pfarrer allda   3

Herr

Namentliches Verzeichniß ꝛc.

Stücke.

Herr Konrad Tillmann, Kurfürstlicher Regierungs-rath und Oberamts = Verweser allda und zu Oszberg　　　　•　　　•　　　=　　4

— Anton Vowinkel, K. Oberamtsschreiber allda und zu Oszberg　　　　•　　　=　　　=　　4

— Vowinkel, Kurf. Oberamts = Advokat　　=　　1

Wieblingen.　Herr Kaspar Barth, Burger und Schneidermeister　　　　=　　　•　　1

Herr Matthäus Damm, Gerichtsverwandter und Rentmeister　　　　•　　　=　　　•　　1

— Helnneich, Schultheiß　　　　　=　　1

— Georg Wilhelm Kraut, Gerichtsmann　•　　1

— Kaspar Kuß, Gerichtschreiber　　　•　　1

— Martin Müller, Pflugwirth　　　=　　1

— Peter Reisig, reformirter Schullehrer　　1

— Jakob Schwarz, Burger und Schuhmacher-meister　　=　　　=　　　•　　,　　1

— Georg Seiler, Chirurgus und Gerichtsver-wandter　　=　　　=　　　=　　L

— Steigleder, Katholischer Pfarrer　　•　　1

— Georg Jakob Treiber, Burger und Bauers-mann　　=　　　=　　　•　　1 •

— Friedrich Wundt, reformirter Pfarrer　　1

Wiesenbach.　Herr Hilspach, reformirter Pfarrer　2

Herr Kirchner, Katholischer Pfarrer　　1

Wimersbach.　Herr Würth, Schultheiß　　1

Zigel-

Namentliches Verzeichniß ꝛc.

— — — — — —

Da es einem jedem Lande, Orte, so wie jedem Einwohner zur wahren Ehre gereichet, wenn es sich durch den Ackerbau, die Viehzucht, den Futter- und Fabricken-Kräuterbau, die Baumzucht, den Bergbau, die Holzkultur, durch Künstler, Fabrikanten, Handwerker und andere geschickte Leute, durch Waaren-Erzeugniße u. d. gl. aus-

zeich-

zeichnet; so ersucht der Verfasser jeden, solche Ge=
genstände ihm jedoch .Postfrei unter der Adreße:
(An den Verfasser der zu Gunsten Rusel erschie=
nenen Pfalzbaierischen Erdbeschreibung abzuge=
ben bey Herrn Hofbuchbinder Landenberger zu
Mannheim nächst dem Pfälzerhof) gelangen zu
lassen, auch Berichtigungen über allenfalls hie
und da eingelaufene wesentliche Fehler werden mit
Dank angenommen, und zur Vervollkommung des
Ganzen seiner Zeit gebraucht werden.

Dem

Durchlauchtigsten Pfalzbaierischen

Gesammt = Hause

in schuldigster Unterthänigkeit

gewidmet

von

dem Verfasser.

Vor=

Vorbericht.

Schon lange ware es der Wunsch vieler Bewohner der Pfalzbaierischen Länder, daß
man nach dem Vorgange anderer Länder eine geographische Beschreibung der sämmtlichen Pfalzbaierischen Länder herausgeben möchte. Dieser Wunsch
ist um so gerechter, da unter den ansehnlichsten
deutschen Staaten der Pfalzbaierische Staat es
nicht nur an sich selbst verdienet, durch eine dergleichen Beschreibung bekannter zu werden, als

A 3   er

er in der That ist, sondern auch wegen den ver-
streut liegenden dazu gehörigen Ländern eine deut-
liche Zusammenstellung derselben die Uebersicht
ungemein erleichtert.

Ein Land, das einige Millionen Menschen
in sich faßt, und eine Vergleichung mit manchen
Königreichen in Absicht seiner Wichtigkeit aus-
hält und in Deutschland einen der ersten Plätze
behauptet, sollte billig seine eigene geographische
Beschreibung haben. Es haben zwar die meiste
und berühmteste deutschen Geographen als ein
Büsching, Hager, Hübner, Osterwald, Pfennig
u. d. allenthalben der Pfalzbaierischen Besitzungen gedacht, und man ist diesen Männern für
ihre Bemühungen allerdings Dank schuldig. Allein ihr Plan brachte es nicht mit sich, die sämmtlichen Pfalzbaierischen Länder zusammen zu stellen
und ihre Uebersicht zu erleichtern. Wer diese
haben will, der muß die hin und wieder bemerk-
te Stücke mühsam zusammen tragen und sich auf
diese

Vorbericht.

diese Art eine nothdürftige Pfalzbaierische Geographie verschaffen.

Aus dem Mangel einer solchen blos nothdürftigen Geographie, als worauf sich auch der Verfasser bei diesem kurzen Entwurfe einschränkt, ists gekommen, daß die Pfalzbaierischen Einwohner selten wissen, welche Länder dahin gehören und sich oft verwundern, wenn sie in Gegenden kommen, wo man ihnen zum erstenmal saget, daß diese Gegend auch zu den Pfalzbaierischen Ländern gehöre.

Der Verfasser hält es für schimpflich, wenn ein im Lande gebohrner und erzogener Mensch nicht einmal so viel lernt und weis, welches seine Landsleute sind. Wo aber dieß der Fall ist, wie dieß unsere Schüler noch gar sehr zu treffen pfleget, da darf man sich warlich nicht wundern, wenn die Vaterlandsliebe so selten ist, und der Pfälzer den Baiern als einen weltfremden Men-

schen

schen ansieht, der ihn nichts angehet, und so umgekehrt der Baier den Pfälzer.

Mit einem Worte, aus Mangel der Kenntniß von dem Lande, worin man wohnet, hänge nichts zusammen, oder man sieht nirgends einen rechten Zusammenhang zwischen dem Herrn und dem Lande, und dem Lande unter sich. Alle Vortheile, welche aus der Kenntniß von der innern Verbindung eines Landes entspringen, gehen verloren, und diese Vortheile sind überaus wichtig, man kann sagen, der Flor der Länder beruhet größtentheils darauf, daß die Einwohner mit dem Lande und seinen Natur-Gaben und Schätzen recht bekannt werden. Aus einem dankbaren Gefühl für sein Vaterland hat sich der Verfasser vorgenommen, einen geringen Anfang mit dessen Beschreibung zu machen, um wenigstens dadurch itzt Aufmerksamkeit auf dasselbe zu erwecken. Er nennt es mit Vorbedacht nur einen Anfang, weil ieder Sachverständige es einsiehet,

daß

daß hier bei weitem das nicht geleistet worden,
was eine vollständigere Bekanntschaft mit dem
Gegenstande erfordert. Mehrere Eingebohrne haben zwar in manchen Fächern vorgearbeitet und
vortrefliche Beiträge geliefert, zum Theil ist man
auch im Sammeln begriffen, aber noch ist bei
weitem die Sache nicht dahin gediehen, daß man
sie reif nennen könnte. Zeit und Mühe wird es
immer noch kosten, bis dem geographischen Be-
dürfniß ein hinlängliches Genüge geschehen kann.

Schenkt Gott dem Verfasser Leben, Ge-
sundheit und Freunde, die ihm die Hand bieten,
so ist sein Vorhaben, ienem Zwecke, einer vollständigen geographischen Beschreibung seines Va-
terlandes entgegen zu arbeiten. Sein Wunsch
ist dabei, den mehr oder weniger glücklichen Zustand des Landes und seiner Bewohner in das
Licht zu stellen, und ieden auf seine Lage aufmerksam zu machen, damit allenthalben Nachdenken, Zufriedenheit, Fleiß und Arbeitsamkeit aus-

gebrei=

gebreitet werden. Daß in den Schulen und na=
mentlich in den gemeinen deutschen Schulen Ge=
brauch davon gemacht werde, wenn eine solche
geographische Beschreibung Nutzen stiften soll,
versteht sich von selbst. Sollte der ietzige Ver=
such dazu Anlaß geben, daß sich die Lehrer des=
sen bedienten, so würde dieß eine Aufmunterung
mehr seyn, eine künftige Bearbeitung einer voll=
ständigen geographischen Beschreibung zu beschleu=
nigen. Nichts wird dem Verfasser zur größern
Belohnung gereichen, als die Ueberzeugung sei=
nem Vaterlande nützlich gewesen zu seyn.

Geschrieben im Jahr 1795.

R. R.

Von

Von Pfalzbaiern überhaupt.

Der Name Pfalzbaiern ist erst in neuern Zeiten nemlich im Jahr 1777. aufgekommen,
da durch das Absterben des Kurfürsten Maximilian
Josephs in Baiern als lezten Zweigs dieser Linie
die Erbfolge an das Kurpfälzische Hauß aus der
Sulzbachischen Linie übergieng.   Dieß war der in
der deutschen Geschichte so merkwürdige Fall, daß
außer Pfalzzweibrücken sich die Pfalzbaierische Länder
wieder unter einem Regenten vereinigten, und zwei
Kurfürstenthümer zusammen schmolzen.   Dem über
ein halbes Jahrhundert so glorreich regierenden
Kurfürsten von der Pfalz Karl Theodor hatte
die Vorsehung es vorbehalten, daß in seiner Person diese glückliche Veränderung geschehen sollte.
Durch den Namen Pfalzbaiern verewigte derselbe
nicht nur diese Begebenheit, sondern machte ihn
auch zu einem Vereinigungs = Punkt aller dazu gehörigen Länder.   Die von der Pfalz über anderthalb
Jahrhunderte abgerissen gewesene alte Kur eines
Erztruchsessen des heil. Römischen Reichs sollte nun
in diesem neuen Namen und in dem neuen Kurfürsten desto schöner glänzen, da sich mit demselben
dem ganzen Baierlande ein wahrer Landesvater an-
kün=

kündigte, der es mit den Baiern eben so gut mein=
te, als mit seinen Pfälzern. Baiern hatte Ursache,
den Tod seines lezten Regenten und Kurfürsten zu
beweinen, denn es verlor mit ihm die Kurwürde,
und was noch mehr als Titel und Rang ist, seinen
allgemein geliebten Maximilian Joseph ; aber es
hatte auch gerechte Ursache sich zu freuen, da ihm
Karl Theodor die Kurwürde wiedergabe und seinen
Verlust reichlich ersezte ! Die über der Erbfolge
entstandene Streitigkeiten schienen zwar die neue
Hofnung des Baiern zu vereiteln, zum Glück für
Deutschland aber und für den Baiern insbesondere
hat der Tetschner Friede alle die Gefahren abgewen=
det, und den Namen Pfalzbaiern versiegelt.

Wäre hier der Ort, eine Geschichte darzustel=
len, so würde sich manches Lehrreiche über die Pfalz=
baierische Länder sagen lassen, und selbst die neue=
ren Zeiten würden Stoff genug an Hand geben,
den wißbegierigen Leser zu unterhalten. Man wird
aber in einer zumal kurzen geographischen Beschrei=
bung dergleichen wohl nicht erwarten, es wird ge=
nug seyn, hier Winke zu geben, welche auf die
Schicksale des Ganzen und einzelner Länder und Orte
aufmerksam machen.   Da sich die gegenwärtige
Erdbeschreibung allein auf die Pfalzbaierische Staa=
ten einschränkt, so sezt dieselbe die erforderliche all=
gemeine geographische Vorkenntniße billig voraus,
um so mehr als es an guten geographischen Büchern
in unsern Zeiten nicht fehlet, welche dazu hinläng=
liche Anleitung geben. Vielleicht ist es nicht unan=
genehm, bei diesem Anlaß ein Buch zu empfehlen,
das wegen seiner Zweckmäßigkeit und Kürze, wie
auch Wohlfeile bekannter zu werden verdient, und
das in allen deutschen Schulen seyn sollte. Es führt
den Titel : ”Anleitung zur gründlichen und nützli=
                                              ” chen

" chen Kenntniß der neuesten Erdbeschreibung nach
" den brauchbarsten Landkarten, vornemlich zum
" Unterricht der Jugend verfertiget von Joh. Chri=
" stoph Pfennig. Berlin und Stettin neueste Aus=
" gabe." In diesem Buche findet man auch die
nöthige Nachrichten von den brauchbarsten Landkar=
ten, welche der Erdbeschreibung überhaupt und der
Pfalzbaierischen insbesondere zur Stütze dienen. Vor
der Hand mögen die Homannischen Karten immer
noch ihren Dienst fortsetzen, bis bessere und wohl=
feilere an ihre Stelle treten. Sie behaupten indes=
sen ein vorzügliches Verdienst der Deutlichkeit und
Wohlfeile vor vielen andern, und die Homannische
Erben versäumen nichts sie zu verbessern.

Viele Berufungen auf Gewährsmänner von
dem, was in dieser Darstellung von Pfalzbaiern
vorkommt, zu häufen, wird man dem Verfasser
gern erlassen, und ist auch mehr Sache für eine ge=
lehrte Schrift, als für eine dem allgemeinen Ge=
brauch gewidmete Erdbeschreibung. Daher werden
Leser von der gelehrten Klaße gebeten, diese Un=
terlassung nach der Hauptabsicht gütigst zu beurthei=
len. Um dem Leser iedoch Zutrauen zu erwecken,
so wird hier zu einigem Ersatz versichert, daß der
Verfasser in den Pfalzbaierischen Landen lebe, auch
darin gebohren und erzogen worden, und derselbe
einen guten Theil dessen, was über Pfalzbaiern ge=
sagt und behauptet wird, selbst an Ort und Stelle
gesehen und sich genau erkundiget habe. Was er
nicht selbst gesehen und erfahren hat, das hat er
auf das Zeugniß von Männern gebauet, die als
Gewährsmänner in und ausser dem Vaterlande sich
das öffentliche Zutrauen auf mehr als eine Art
erworben haben. Mit Vergnügen nenne ich eini=
ge dieser Männer, die sich durch Sammlung von
Nach=

Nachrichten über das Vaterland einen bleibenden
Ruhm gestiftet und dem Verfasser mit aufrichtiger
Wahrheitsliebe vorgeleuchtet haben. Ich zähle
darunter:

1.) in Absicht der Pfalzgrafschaft am Rhein.

a) Kurze Vorstellung der Industrie in den
drei Hauptstädten und sämmtlichen Oberämtern der Kurfürstlichen Pfalz. Frankenthal 1775.

b) Versuch einer vollständigen geographisch-
historischen Beschreibung der Kurfürstlichen
Pfalz am Rhein von Johann Goßwin
Widder. 4 Theile. Frankfurt und Leip-
zig. 1786.

c) Ueber die Größe und Bevölkerung der rhei-
nischen Pfalz von Theodor Traiteur Kurpfälzischen Hofgerichtsrath. Mannheim
1789.

2.) In Absicht Baiern.

a) Erdbeschreibung der Baierisch = Pfälzischen
Staaten von Lorenz Westenrieder. München. 1784.

b) Caßian Anton Roschmanns, K. K. geheimen
Hausarchivars Geschichte von Tyrol sammt
einer Landkarte von Rhätien. 1 Theil.
Wien. 1792.

c) Neue Beiträge zur Litteratur besonders des
sechzehenden Jahrhunderts von J. T. Stro-
bel, Pfarrer zu Wöhrd. Des dritten
Bandes erstes und zweites Stück. Nürnberg 1792.

d)

d) Bemerkungen über Menschen und Sitten auf einer Reise durch Franken, Schwaben, Baiern und Oesterreich im Jahr 1792.

3.) In Absicht Gülch und Bergen.

a) Beiträge zur Kurpfälzischen Staaten = Geschichte vorzüglich in Rücksicht der Herzogthümer Gülch und Berg, gesammelt von C. F. Wiebeking. Heidelberg und Mannheim 1793.

4.) In Absicht der übrigen Besitzungen.

a) D. Anton Friedrich Büschings neue Erdbeschreibung. Siebenter Theil. Schafhausen 1768.

Die Pfalzbaierische Lande liegen nicht in einer Strecke fort, sondern werden durch fremde Kreise, Länder und Besitzungen unterbrochen, folglich sind keine allgemeine Grenznachbarn zu bestimmen. Der Flächen Inhalt der in Deutschland gelegenen Besitzungen beläuft sich auf tausend zwei und eine halbe Quadratmeile.

Die Einwohner der Pfalzbaierischen deutschen Besitzungen mögen zwei Millionen Seelen betragen.

Die merkwürdigste Gewässer sind: die Donau, der Rhein, die Maaß, der Necker, der Inn und die Iser; die größten Seen: der Chiemsee und Tegernsee.

Die größten Gebirge sind: das Kraich und Neckergauische, Odenwäldische, Vogesische, Hundsrückische und der Fichtelberg.

Das

Das Klima ist nicht überall gleich, doch im Grunde durchaus gesegnet zu nennen.

Die Erzeugniße sind, wie man bey iedem Lande hören wird, so mannigfaltig, daß die Pfalzbaierische Länder einen wahren Ueberfluß an Natur und Kunstprodukten haben.

Zu Pfalzbaiern gehören die Pfalzgrafschaft am Rhein, die Herzogthümer Baiern, Gülch und Berg, die Landgrafschaft Leuchtenberg, das Markgrafthum Berg op Zoom, die Herrschaften Erkelenz, Ravenstein, St. Michael Gestel, Winnendal, Breskens und Breskens Sand.

Die Hauptörter sind die Haupt = und Residenzstädte: München, Mannheim und Düsseldorf.

Die Kriegsmacht besteht in einer Leibgarde von hundert Hartschieren und von eben so vielen Trabanten; in einem Heere zu Fuß als vier Grenadier= zwei Feldjäger=, vierzehn Fusilier=, einem Garnison = und einem Artillerie = Regiment; in einer Reuterey von zwei Küraßier=, vier Chevaux = Legers (leichter Reuter) und zwei Dragoner= Regimentern. Die Pfalzbaierische Armee soll nach dem Friedensfuß Ein und dreißig tausend sechshundert und achtzig, nach dem vermehrten Friedensfuß Fünf und dreißig tausend vierhundert vier und zwanzig, und nach dem Kriegsfuß sieben und dreißig tausend neunhundert und zwanzig Köpfe stark seyn.

Die Einkünfte mögen sich wohl auf eilf bis zwölf Millionen Gulden belaufen, iedoch wird nicht viel übrig bleiben, wenn die Staatsausgaben davon

von bestritten werden; denn es haften noch einige Millionen Schulden auf dem Baierischen Lande.

Die Regierungsform ist nicht, wie man hören wird, überall die nemliche, bald herrscht der Kurfürst unbeschränkt, bald regieren mit ihm die Landstände.

Der dermalige Regent von Pfalzbaiern heißt Karl Theodor, er ist des heiligen römischen Reichs Erztruchseß und Kurfürst, und wenn kein römischer Kaiser oder König vorhanden, in den Landen des Rheins, Schwaben und Fränkischen Rechten Fürseher und Vikarius, er stammt, wie alle übrige Pfalzgrafen am Rhein, von Otto I. Grafen von Wittelspach und Scheyern, Pfalzgrafen in Baiern und zwar von der Rudolphinisch = Pfalz-Sulzbachischen Linie ab; er ist den 10. Christmonat 1724. gebohren.

Wenn der Kurfürst ohne männliche Erben verstirbt, so folgt als nächste Unverwandten sowohl in dem Erztruchseßen = Amt als Kurfürstlichen Würde, so wie in dem Pfalzbaierischen Familien Fideicommissarischen Ländern die Herzoglichen Pfalzzweybrückische Linie nach dem Rechte der Erstgeburt, folglich der wirklich regierende Herzog von Zweybrücken, Maximilian Joseph; auf den Fall, daß auch diese Linie abgehen sollte, folgt gemäß dem 1779 geschlossenen Teschner Frieden die Birkenfeld Gellnhausische Linie, wenn auch diese abgeht, folgt das Reich in denjenigen Lehen, so von solchem getragen werden, und im Allodium die Abkömmlinge von weiblicher Seite.

B   Die

Die herrschende Religion ist die Katholische, zu der sich sowohl der Kurfürst als der grössere Theil seiner Unterthanen bekennt; es finden sich aber auch viele Protestanten sonderlich evangelisch Reformirte und evangelisch Lutherische in der Pfalz= grafschaft am Rhein, in den Herzogthümern Gülch und Berg, in dem Rentamt Amberg und im Sulz= bachischen, sonst werden noch tolerirt Wiedertäu= fer und Juden.

Die Sitten so verschiedener von einander lie= gender Länder Bewohner müssen natürlich verschie= den ausfallen, indem die eine Nation mehr der Agrikultur, die andere dem Handel u. d. gl. sich widmet. Ueberhaupt wird es auf eine gute Ein= richtung der Landschulen, woran es noch gar sehr fehlet, ankommen, daß einer mehr einstimmen= den Sittlichkeit nachgeholfen werde.

Das Wappen des Kurfürsten besteht aus neun Feldern und einem gevierten Herzschild, in dessen Mitte im rothen Felde sich der Reichsapfel wegen dem Reichs = Erztruchsessenamt befindet.

Der Kurfürst theilt drei Ritterorden als den St. Hubert, St. Georg und den Pfälzischen Lö= wenorden aus.

Von der Pfalzgrafschaft am Rhein.

Das Land hat seinen Namen von dem Rhein, und den alten Burgen, die da waren, und man Pfalzen nannte, bekommen; es liegt im Ober=
und

und Niederrheinschen Kreise, hat in der Länge acht
und eine halbe Meile, und eben so viel in der
Breite. Es gränzt an gar viele Gebiete, als an
das Kurmainzische, Bischöflich Worms = und Speye-
rische, und an noch andere Fürstliche, Gräfliche
und Reichsritterschaftliche Orte, von denen es auf
allen Seiten unterbrochen wird. Der ganze Flächen-
Inhalt beträgt fünf und siebenzig und eine halbe
Quadratmeile; wiewohl der Flächen = Inhalt eines
Landes, das überall von andern Ländern durch-
schnitten ist, nie ganz genau angegeben werden
kann.

Die Zahl der sämmtlichen Einwohner beläuft
sich auf dreimal hundert, viertausend, neunhundert fünf und achtzig Seelen, dem zu folge lebten auf einer Quadratmeile im Durchschnitt ge-
nommen viertausend und zwölf Menschen, und
das Land wäre unter die bevölkersten von ganz
Deutschland zu zählen. Wie hoch die Bevölkerung
gestiegen seye, siehet man schon daraus, daß an
mehr als ein hundert fünfzig Ortschaften keine
Viehweiden statt finden, sondern eine allgemeine
Stallfütterung eingeführt ist, welches gewiß einen
hohen Grad von Bevölkerung und Kultur anzeiget.

Die merkwürdigsten Flüße sind der Rhein und
der Necker. Der Rhein entspringt in der Schweiz,
er fließt von Mittag gegen Mitternacht durch die
Rheinpfalz, nimmt den von Schwaben kommenden
Necker bey der Häupt = und Residenzstadt Mann-
heim und jenseits bei der Kurmainzischen Stadt
Bingen die Nah auf. Der Necker entspringt in
Schwaben, und fällt, nachdem er einen Theil von
Schwaben, und vom oberrheinischen Kreis durch-
flossen, wie eben gemeldet worden, in den Rhein.

Die

Die übrige Gewäffer des Landes vereinigen sich
mit diesen Flüffen, nur wenige nehmen ihren Lauf
in den Mayn und in die Mofel.

Die bekannteften Gebirge des Landes find auf
den beiden Seiten des Rheins und zwar auf der
rechten das Kraich und Neckergauische, das Oden=
wäldische, und auf der linken das Vogeß= und
Hundrückische Gebirg.

Das Klima ist das mildeste und gesegneste von
ganz Deutschland, wie wäre es sonst möglich ge=
wesen, daß sich die Rheinpfalz nach so vielen aus=
gestandenen Kriegen und dabey vorgegangenen Ver=
wüstungen sobald wieder erholt, und sich wie der=
malen wieder bevölkert hätte? Unstreitig hat der
immer höher steigende Ackerbau und die sich dar=
auf gründende Bevölkerung zur Verbesserung des
Klima das meiste beigetragen, und dieß dürfte
wohl der Fall von mehreren Gegenden in Deutsch=
land seyn.

Die Erzeugnisse des Landes bestehen in ei=
nem Ueberfluffe an Feld= Garten= und Baumfrüch=
ten. Der Pfälzer baut Waizen, Spelz, Korn,
Gerste, Hafer, Hirsen, Welschkorn, Erbsen, Lin=
sen, Flachs, Hanf, Taback, Krapp u. d. gl., er
legt sich mit Mühe und Fleiß auf den künstlichen
Futterkräuterbau, pflanzt allerhand Küchen= und
Garten=Gewächse, wartet sorgfältig der Baum=
zucht, welches macht, daß man im Lande die besten
Arten Obsts, als allerhand Aepfel, Birne, Kirschen,
Zwetschen, Pflaumen, Pfirschen, Aprikosen, Ha=
selnüsse und Welschnüsse, Mandeln, Kastanien so
gut, wie in Frankreich und im Ueberfluffe hat.
Die Niersteiner, Bacharacher, Monzinger und

Brau=

Braunenberger Weine machen die Rheinpfalz vorzüglich auch noch wegen ihrem gesegneten Weinbau in den entfernten Ländern bekannt. Die Viehzucht kommt von Zeit zu Zeit in grössere Aufnahme, wovon der überall eingeführte künstliche Futterkräuterbau die Ursache ist. Viele Gegenden leiden zwar Mangel an Holz, und dieß sind gerade die fruchtbarsten, im Ganzen aber ist das Land mit hinlänglichem Bau = und Brennholz versehen. Die Wildfuhr ist an einigen Orten der Lage nach gut und in seine Schranken gewiesen und an kleinem Weidwerk und Federwild hat das Land überhaupt keinen Abgang. Die Flüße, *) Bäche, und die schönen Teiche geben den Einwohnern die besten Fischarten, als Salme, Aale, Aalrupen, Karpfen, Hechte, Schleien und Krebse. Die Berge halten Silber, Eisen, Kupfer, Blei, Quecksilbererze und Steinkohlen = Gänge. So geben die Bergwerke des Oberamts Alzei vorzüglich Quecksilbererze, sie liegen in der Erbesbiedesheimer gemeinen Waldung in dem sogenannten tiefen Graben nächst dem Hunoldsteinischen Dorf Rack, bey Mersfeld, in den zwischen den Rheingräflichen Dörfern Flörheim, Ufhofen und Wendelsheim gemeinschaftlichen Waldungen, und bey Kriegsfeld im Kameralwalde der Spitzersberg genannt, wo man auch Zinober und Bergfech erhält. Aus dem im Oberamt Bacharach gelegenen Sachsenhäuserhof bekommt man reichhaltige Silber, Kupfer und Bleierze; der Zehende und Freistamm ist zwischen Pfalz und Trier gemeinschaftlich. Im Oberamt Kreuz-

B 3 nach)

---

*) Aus dem Rheinsande wird sehr feines Gold gewaschen, welches außer wenigem gleichfeinem Silber mit keinem andern Metall vermischt ist.

nach finden sich zu Sobernheim Kupferadern und Steinkohlen = Gänge; die Quecksilberwerker sind aber zu Niederhausen am Lemberg, bey Feil und Bingard, und auf der Abendseite Feil in der alten Kohlgrube; in der Eisenheck finden sich wieder Steinkohlen = Gänge. Im Oberamt Kaiserslautern werden vier Quecksilberwerker im Lauterthal gezählt, und im Oberamt Lautereck eben so viele, diese lezte liegen zu Fockelberg, bey Mühlbach auf dem Porsberg, im Oberstraßer Wald, und zu Gimsbach gegen der Seite des Porsbergs. Die Eisenerze des Oberamts Lindenfels werden auf dem Kurfürstlichen Hammer zu Waldmichrlbach verarbeitet. Im Oberamt Mosbach wird bey Sulzbach auf Eisenerze geschärft. Die in Ueberfluß vorhandene Eisenerze des Oberamts Simmern, so sich im Sornwald, und bey Rheinböllen finden, werden in der an der Güldenbach gelegenen Eisenhütte und dem Hammerwerk verarbeitet. Das Oberamt Stromberg hat Bleierz in dem Berg des alten Schlosses, sonst noch Eisenerze im Ueberflusse. Das im Oberamt Veldenz im Thal und am Fuße des Berges gelegen und sehr ausgiebig gewesene Kupferwerk ist vor mehreren Jahren verlassen worden. Im Oberamt Heidelberg bey Schaarhofen finden sich Gebrüche von Torf, und in den Oberämtern Kreuznach und Stromberg die Marmorbrüche des Landes; sonst werden noch an mehrern Orten rothe Sandsteine gebrochen. Man zählt im Oberamt Bretten eine Viertel Stunde von Zeitzenhausen ein Gesundbad, und überhaupt drei Gesundbrunnen im Lande, wovon der eine im Oberamt Heidelberg eine Stunde von Wißloch, der andere im Oberamt Neustadt bey Edenkoben, und der dritte im Oberamt Kaiserslautern bey Rockenhausen liegt. Die Salzquellen des Landes sind ergiebig genug die Einwohner

ner mit dem nöthigen Salz versehen zu können.
Sie liegen bey Dürkheim an der Haardt, bey den
Oberamtsstädten Mosbach und Kreuznach; die an
den leztern Oertern sind auf landesherrliche Kosten
in den Jahren 1729 — 42 — 56 zu brauchen erst
angefangen worden, die am ersten Ort war aber
schon 1699. gegen jährliche fünftausend Gulden und
hundert Centner Salz an einen Namens Rousseau
auf zwanzig Jahre in Temporal-Bestand verliehen.

Das Land ist in Oberämter eingetheilt. Die=
jenige, so zum niederrheinischen Kreise gehören,
heißen Alzei, Bacharach, Bretten, Boxberg, Ger=
mersheim, Heidelberg, Kreuznach, Ladenburg, Lau=
terecken, Lindenfels, Mosbach, Neustadt, Oppen=
heim, Stromberg, Ozberg und Umstadt, und die
zum Oberrheinischen, Simmern, Kaiserslautern
und Veldenz; davon liegen auf dem rechten Rhein=
ufer acht, und auf dem linken eilf; die acht heißen
Bretten, Boxberg, Heidelberg, Ladenburg, Lin=
denfels, Mosbach, Ozberg und Umstadt, welches
leztere zwischen Pfalz und Hessen = Darmstadt ge=
meinschaftlich ist; die eilf: Alzei, Bacharach, Ger=
mersheim, Kreuznach, Kaiserslautern, Lauterecken,
Neustadt, Oppenheim, Simmern, Stromberg und
Veldenz.

Unter den zur Pfalzgrafschaft am Rhein gehö=
rigen sechshundert und sechs Ortschaften verdienen
angemerkt zu werden.

Mannheim ist seit dem 14. April 1720. die er=
ste Haupt= und Residenzstadt vom ganzen Lande, sie
liegt unterm 26°, 12', 39'' der Länge und un=
term 49°, 29', 28'' der Breite am Einflusse des
Neckers in den Rhein, welcher unter der Stadt sei=

nen

nen Außfluß in den Rhein nimmt, so daß die Stadt
in dem Winkel zwischen dem Rhein und Necker eine
der schönsten Lagen zum Handel und Schiffahrt hat
und zwar auf einer der ausgedehntesten Ebene des
Rheinstromes. Die Stadt ist wohl bevestigt, und
schön gebaut, hat grade Straßen, die zur Nachtszeit beleuchtet werden, faßt zwölf Kirchen, und
Klöster, acht Pfarr=, achtzehn Schul= und tausend
fünfhundert und neunzehn bürgerliche Häuser,
denn dreißig gemeine der Stadt angehörige Gebäude
und fünf und siebenzig Scheuern. Die Bevölkerung
beläuft sich auf zwei und zwanzig tausend dreihundert und drei und siebenzig Seelen. Hier ist der
Siz der Landesregierung und der übrigen über das
Land gesezten Stellen, einer von dem izigen Kurfürsten 1763. gestifteten Akademie der Wissenschaften, eines Chirurgischen und Hebammen=Instituts,
einer Witterungs= und deutschen Gesellschaft, einer
Zeichnungs=Akademie, und mehrerer öffentlichen
Anstalten.

Im Umfange der Stadt ist anzumerken das
Kurfürstliche Schloß, und in solchem die Bibliothek,
das Naturalien=Kabinet, die Schatzkammer, die
Mahlerey und Zeichnungs = Zimmer. Ausser dem
Schloß ein grosser Saal der Alterthümer, die
Sternwarte hinter dem Kollegium des aufgehobenen
Jesuiter=Ordens, das Kaufhauß, so auf zwei und
siebenzig steinernen Pfeilern, die eben so viele
Schwibbögen ausmachen, ruht, und zu einer Waa-
renniederlage dienet; das neue Zeughaus, die ansehnliche Kasernen=Gebäude, das berühmte Schau-
spielhaus, und die drei Thore der Stadt, vieler
andern Gebäude· z. B. des Bildhauer= und Zeich=
nungs=Akademie=Hauses u. d. gl. nicht zu gedenken. Es finden sich hier einige Tabak=Fabriken,
und

und eine ansehnliche Färberey.   Bey der Stadt ist
der botanische Garten eine Hauptmerkwürdigkeit,
der sich durch die verdienstvolle Bemühungen des
Herrn Regierungsraths Medikus dahin auszeichnet,
daß er nicht bloß die Neugierde an fremden auslän=
dischen Gewächsen zu befriedigen, sondern auch nütz=
liche auswärtige Gewächse und Bäume an das deut=
sche Klima zu gewöhnen sucht.   Ueberdem kann man
Mannheim eine wahre Pflanzschule von berühmten
Künstlern aller Art und vorzüglich in der Musik nen=
nen.   Was aber alles übertrift, ist die gebildete
Denk= und Lebensart seiner Einwohner, welche die=
se Stadt zu einer der ersten Städte in Deutschland
erheben und mit Recht den Reisenden dahin locken.

Heidelberg liegt südöstlich vier Stunden von
Mannheim am Necker und ist seit dem 14 April
1720, wo der Hof es verlassen, nachdem es ge=
gen die fünfhundert Jahre die erste Hauptstadt war,
die zweite geworden, sie liegt am linken Ufer des
Neckers am Fuße des Gebirgs, hat zwölf Kirchen,
Kapellen und Klöster, neun Pfarr=, zwölf Schul=,
neunhundert neun und fünfzig bürgerliche und fünf
und dreißig gemeine der Stadt angehörige Häuser
und Mühlen.   Die Einwohner belaufen sich auf zehn=
tausend siebenhundert und ein und vierzig Seelen.
Hier ist der Sitz des reformirten Kirchenraths, des
lutherischen Consistoriums, der geistlichen Güther
Verwaltung, des Ehgerichts, der ökonomischen
Gesellschaft, und der 1346 gestifteten Universität,
mit der auch die zu Lautern gewesene hohe Kame=
ralschul 1784 verbunden worden.   Die Universität
gehört unter die Gemischten, denn sie ist mit Ka=
tholischen und Protestantischen Lehrern besezt.
   Im Umfang der Stadt verdienen angemerkt zu
werden die Ruinen des auf einer Fläche des Geiß=

B 5.   bergs

bergs ehemals gelegenen landesherrlichen Schloſſes,
wovon dermalen nichts mehr als die Schloßkapelle
und der Keller zu ſehen iſt; ein zweihundert fünfzig Fuder großes Faß iſt alles, was ſonſt noch als
Seltenheit hier vorgezeigt wird; auf dem Wege
zur Stadt iſt der Fürſtenbrunn, und in der Stadt
die heilige Geiſtkirche, das Univerſitäts = und das
Adminiſtrations = Gebäude anzumerken.   Die neue
ſteinerne Brücke über den Necker und das mit Rö-
miſcher Pracht erbaute obere Thor geben der Stadt
ein ſchönes Anſehen und die ganze Lage am Gebirge der Bergſtraße eine Ausſicht in die ausge-
breitete Ebene des Rheinſtroms, die wenig ihres
gleichen hat.

Hier iſt auch die Hauptpflanzſtadt von den weiſ-
ſen Maulbeerbäumen.   Die im Lande erzeugte Sei-
de wird in der Seidenſtrümpffabrik mit Nutzen verarbeitet, ſonſt findet ſich noch hier eine Wachs = und
Unſchlichtlichterfabrik, ein Papiertapetenfabrik und
eine Tapetenwirkerey von ſogenannten Haute lice.

Frankenthal heißt die dritte Hauptſtadt, ſie
liegt weſtnordwärts zwei Stunden von Mannheim
in einer der ſchönſten Ebenen des Rheinſtroms.
Durch den mittäglichen Theil der Stadt fließt die
von Eppenſtein kommende Mühlbach, die hier die
Fuchsbach aufnimmt, aus welcher 1773 auf Landesherrliche Koſten ein Kanal bis in den Rhein
geführet worden um die Rhein = Schiffahrt mit der
Stadt zu verbinden.   Die Stadt zählt fünf Kirchen, vier Pfarr =, fünf Schul =, vierhundert acht
und vierzig bürgerliche und fünf zur geemeinen
Stadt gehörige Häuſer und eine Mühle.   Die Bevölkerung belauft ſich auf viertauſend ſieben und
dreißig Seelen.

Die

Die merkwürdigsten Gebäude der Stadt sind das Rathhaus, die Landesherrliche Porzelänfabrik, die Wollenzeugfabrik, die Wollentuchfabrik, die Seidenfabrik, die Wollenstrumpffabrik, das schöne Färb= und Trockenhaus, die Gold= und Silberdrathzieherey, und Bordenwirkerei, die Tabakfabrik. Vom Kanal ist an zu merken: daß durch die eingelegte drei Schleisen das nöthige Wasser könne angeschwellt, und ein mittelmäsiges Lastschiff hin und her gebracht werden.

Unter den noch übrigen Landstädten, Flecken und Dörfern des Landes verdienen angezeigt zu werden:

Die Oberamtsstadt Alzei wegen einem gegen Abend 1783 aus dem zweiten Jahrhundert entdeckten Stein, auf dem die Inschrift stand: Nymphio Vicani attiajenses aram posuer.

Die Oberamtsstadt Bretten ist der Geburtsort des zur Zeit der Reformation und in der Kirchen= und Reformations=Geschichte berühmt gewordenen Philipps Melanchtons. Das Wohnhauß, wo er gebohren worden, hat die Inschrift: Dei pietate natus in hac Domo Philipp Melanchton XVI. Febr. MCCCCXCVII. Obiit MDLX. (Hier wurde durch Gottes Güte den 16 Hornung 1497 Philipp Melanchton gebohren; Er starb 1560.)

Im Oberamt Germersheim sind zu merken die Oberamtsstadt Germersheim die Dörfer Sodramstein, und Hert.

Germersheim ist der Sterbort Kaisers Rudolphs von Habsburg, der da 1291 gestorben,
sonst

sonst kommt hier noch anzumerken die Goldwäsche=
rey aus dem Rheinsand.

Godramstein liegt im Silbertingerthal; Man
fand an der alten Kirche sechs Steine mit den
heidnischen Gottheiten: Merkur, Herkules, Juno
und Minerva.

Hert liegt in der Fauthei Germersheim am
Rhein. Man fand hier einen runden sieben Zoll
im Durchschnitt haltenden Porphyr, und einen
Stein mit einer opfernden Weibsperson von erha=
bener Arbeit, die wegen dem neben sich gehabten
Pfau eine gallische Juno oder Vesta seyn mag.
Diese Alterthümer sind zu Mannheim in dem Kur=
fürstlichen Schlosse zu sehen.

Im Oberamt Heidelberg verdienen wegen den
vielen da entdeckten Römischen Alterthümern ge=
nennt zu werden der heilige Berg, die Flecken
Schwezingen und Schrießheim.

Der heilige Berg liegt am rechten Ufer des
Neckers der Stadt Heidelberg entgegen. Man be=
hauptet, die Römer müsten da ein Kastel, Tem=
pel, oder sonst ansehnliches Gebäude gehabt ha=
ben, denn wie hätte sich sonst wirklich das, was
da gefunden worden, und im ersten Bande der
Schriften der Pfälzischen Akademie der Wissen=
schaften auf den Seiten 193 und 102 abgezeichnet
und erläutert steht, vorfinden können.

Schwezingen liegt in der Zent Kirchheim, hat
ein Kurfürstliches Lustschloß nebst einem in Deutsch=
land bekannten Lustgarten, dessen Verschönerung
noch immer im Steigen ist. Die mancherlei kost=
bare

bare Anlagen und Kunstwerke erfordern eine eigene
Beschreibung.   In dem mittäglichen Theil dieses
Gartens wurden 1765 Körper, Gebeine, Töpfe,
Krüge, Lanzen, Pfeile und noch andere Waffen
aus der Erde gegraben.   Zum bleibenden Anden=
ken dieser gemachten Entdeckungen ist ein sieben
Schuhe hohes steinernes Denkmal errichtet worden.
Man hält Schwezingen für das alte Solicinium,
dessen Amianus Marcellinus Meldung thut.

Schrießheim liegt in der Zent Schrießheim,
es ist wegen den da entdeckten römischen Alterthü=
mern bekannt.   In dessen gegen Abend gelegenen
Feldern fand man im Brachmonat 1766. eine Gruft,
Columbarium; die Römer pflegten nicht, wie wir,
die entseelten Körper zu begraben; bey ihnen war
es Sitte und Gewohnheit solche zu verbrennen, die
Asche davon zu sammeln, und in Urnen, Töpfen in
den eigens dazu gebauten Grüften zu bewahren. Im
Herbstmonat des nemlichen Jahrs entdeckte man in
einiger Entfernung Ueberbleibsel von römischen Bä=
dern, die auf Kurfürstliche Kosten mit einem Ueber=
bau von acht und fünfzig Schuhen in der Länge und
sechs und zwanzig in der Breite versehen worden.

In dem Schloß der Oberamtstadt Kaisers=
lautern hängt die Abbildung jenes Fisches, der
neun und zwanzig Werkschuhe lang, dreihundert
fünfzig Pfunde schwer, und mit einem goldenen
Ring mit einer griechischen Inschrift versehen war.
Man liest dabei: ”Dies ist die Größe des Hechts,
” so Kaiser Friedrich dieses Namens der Andere
” mit seiner Hand zum ersten in den Wog zu Kai=
” serslautern gesezt, und mit solchem Ring be=
” zeichnet hat Anno 1230., ward gegen Heidelberg
” gebracht den 6. November Anno 1497., als er
                                    ” darin

" darin gewesen war 267. Jahre. " Hier befindet
sich eine Siames-Fabrik, welche in einem blühenden
Zustand ist, und sich seit fünf und zwanzig Jahren
darin erhalten hat.

Der im Oberamt Oppenheim zwischen Mainz
und Bingen gelegene Flecken Niederingelheim ist
wegen den Ruinen eines der merkwürdigsten Kai-
serlichen Pallästen anzumerken. Am Eingang steht
noch ein Stück einer gegossenen Säule, auf welcher
in einer steinernen Platte zu lesen ist: " Vor 800
" Jahren ist dieser Saal des Kaysers Carlen, nach
" ihm Ludwig des milden Kaysers Carlen Sohn,
" im J. 1044 aber Kayser Heinrichs und im Jahr
" 1360 Kaysers Carlen Königs in Böhmen Pallast
" gewesen, und Kayser Carlen der Grosse neben
" andern gegossenen Säulen diese Säule aus Ita-
" lien von Ravenna anhero in diesen Pallast führen
" lassen, welche man bey der Regierung Ferdi-
" nands des Zweiten und König in Hispanien Phi-
" lipp des Vierten, auch derer verordneten Hoch-
" löblichen Regierung in der untern Pfalz den 6.
" April 1628., als der katholische Glaube wieder
" eingeführet worden ist, aufgerichtet. " Der Ort
ist auch noch wegen den vielen da gehaltenen Reichs-
als Kirchen-Versammlungen von den Jahren 774,
807, 826, 831, 840, 948, 958 und 971. u. s. w.
berühmt.

Das sehr alte Bergschloß Oßberg, wovon das
Oberamt den Namen führt, liegt auf einen freyen
Hügel in dem eigentlichen Mayngaue, eine Stunde
Wegs südwärts von der zwischen Pfalz und Heßen-
Darmstadt gemeinschaftlichen Oberamtsstadt Um-
stadt, und vierzehen Stunde von der Hauptstadt
Mannheim nordwärts entfernt. Man fand da vie-
le

le römische Münzen und Alterthümer, so die da
garnisonirende Soldaten, wie auch Bauersleute in
der Gegend ausgegraben; viele davon hat der da
verstorbene Obrist und Kommandant v. Deichmann
an den Hof nach Mannheim geschickt, viele bekam
der evangelisch lutherische Pfarrer Retter in der
Nachbarschaft.

Die Chausseen von der Pfalzgraffchaft am
Rhein verdienen auch genennt und gerühmt zu wer=
den; sie ziehen von Heidelberg die Bergstraß, am
Necker = nach Mannheim, von da über Speier und
Germersheim, über Neustadt, über Kaiserslautern,
über Worms und Oppenheim, über Frankenthal,
Kreuznach und Simmern u. s. w.

Die Kriegsmacht besteht in einem Grenadier=
einem Feldjäger = vier Fusilier = Regimenter, in
zwei Kompagnien des Garnison= und drei des Artil=
lerie=Regiments, in einem Cheveaux=Legers= und
einem Dragoner = Regiment, die nach dem Frie=
densfuß neuntausend zweihundert acht und siebenzig,
nach dem vermehrten Friedensfuß zehntausend drei=
hundert sechs und siebenzig und nach dem Kriegs=
fuß eilftausend hundert und acht Köpfe betragen.

Die Pfalzgraffchaft am Rhein mag über zwei
Millionen Gulden an Einkünften haben, davon
müssen aber sicher auf die Unterhaltung sowohl des
Militär= als Civilstandes wieder eine Million acht=
hundert sieben und fünfzig tausend fünfhundert
sechs und fünfzig verausgabet werden.

Die Regierung des Landes ist ganz in den
Händen eines zeitlichen Pfalzgrafen, seine meiste
Unterthanen sind leibeigen; er hat das Wildfangs=
recht,

recht, das Recht des Geleits durch die obere Graf=
schaft Katzenelnbogen, fort von der Bergstraß biß
Frankfurt, desgleichen in dem Markgrafthum Baa=
den bis gegen Pforzheim, das Schutzrecht über die
Keßler am Rhein, und in der herumliegenden Ge=
gend. Auf der allgemeinen deutschen Reichsver=
sammlung hat er als Pfalzgraf am Rhein im welt=
lichen Fürstenrath wegen Kaiserslautern die sech=
ste, wegen Simmern die achte und wegen Veldenz
die sechszehende Stimme. Auf den oberrheini=
schen Kreisversammlungen ist er wegen Simmern
nebst dem Bischof von Worms kreisausschreiben=
der Fürst und auf den niederrheinischen hat er
nach den drei geistlichen Kurfürsten die erste Stim=
me. Zum Besiz dieses Landes sind die Vorfahrer
des dermaligen Regenten auf diese Art gekom=
men; Kaiser Friedrich II. verliehe nemlich im
dreizehenden Jahrhundert dem Herzog Ludwig aus
Baiern die Würde eines Pfalzgrafen am Rhein
und Ludwig verbande bald mit dieser Würde auch
die Länder des damaligen Pfalzgrafen Heinrich,
indem er für seinen Sohn Otto, dessen einzige
Tochter Agnes als Gemahlin erhielt; das Ver=
löbniß geschahe 1213, das Beilager 1214, Hein=
rich starb 1227. zu Braunschweig und Ludwig über=
gab seinem Sohn Otto 1228 die Pfalzgraffchaft
am Rhein, der sich den Namen des Erlauchten
erworben; dieser folgte bald seinem Vater (der
meuchelmörderisch auf der Donaubrücke bey der
Stadt Kehlheim in Niederbaiern 1231 umgekom=
men ist) auch in Baiern. Es sind also gegen
fünfhundert sieben und sechszig Jahre, daß dieses
Land durch Baierische Herzoge regiert wird. Der
dermalige Regent ist aber, wie oben schon ange=
zeigt worden, 1742. den 31. Christmonat hier in
der Regierung gefolgt, seit desselben Nachfolge in
Baiern,

Baiern wird das Land durch einen Minister und einige geheime Staatsräthe verwaltet, an die sich die Regierung und die übrigen Kollegien des Landes wenden müssen.

Die Pfalzgrafschaft am Rhein gehört zu den Pfalzbaierischen Familien-Fideicommißen, die Nachfolge ist also der Pfalzzweybrückischen Linie, wie oben schon erinnert worden, sicher und gewiß.

Die herrschende Religion ist dermal, weil der Landesherr sich dazu bekennt, die Katholische, sonst ist aber der größte Theil der Einwohner reformirt, zum Theil auch evangelisch lutherisch und dieses kommt daher: Otto Heinrich führte Luthers Lehren am ersten in seinem ganzen Lande ein, sein Nachfolger, Friedrich III. die reformirte, für die er sich bald nebst seinen Unterthanen erklärte, setzte daher einen Kirchenrath nieder und verbote den katholischen Gottesdienst im ganzen Lande. Ludwig IV. änderte alles wieder, und besetzte nach seines Vaters Tod alle Stellen mit lutherischen Predigern. Friedrich IV. änderte abermal die Sachen, und stellte das Religionswesen, wie es unter Friedrich III. gewesen, wieder her. Während dem dreißigjährigen Kriege waren in der Rheinpfalz verschiedene Abänderungen im Religionswesen vorgefallen, ie nachdem dieser oder iener der kriegführenden Mächte da die Oberhand gehabt, doch blieb bis 1685 die reformirte die herrschende Religion, denn um diese Zeit folgte die Pfalz-Neuburgische Linie, die 1613 wieder katholisch geworden, in der Regierung der Rheinpfälzischen Landen. Bey dieser Gelegenheit erhielten die Katholischen die Erlaubniß ihre Religion überall im Lande frey ausüben zu dürfen, und

C   was

was noch mehr war, man räumte ihnen in sehr
vielen Kirchen den Chor ein, um gemeinschaftlich
mit den Reformirten ihren Gottesdienst da halten
zu können; die Lutherischen wurden auch nicht ver=
gessen, man erlaubte denselben iedoch auf eigene Ko=
sten Kirchen, Pfarr= und Säulhäuser sich zu bauen,
welches alles zu vielen Klagen von Seiten der
Reformirten Anlaß gab; denen die durch Vermit=
telung des Königs von Preußen 1705 zu Stand
gekommene Religions=Erklärung zwar einigermas=
sen abgeholfen, da in selber verordnet worden:
Daß die drei im deutschen Reiche herrschenden Re=
ligionen in derselben Ausübung ungestört zu belas=
sen seyn. Die Kirchengefälle u. s. w. wurden aber
so eingetheilt, daß von sieben den Reformirten
fünf und den Katholiken zwei Theile zugehörten,
die Lutheraner aber davon gänzlich ausgeschlossen
wurden, wobei es dermalen noch sein Verbleiben
hat; außer daß unter französischer Einleitung alle
Kirchengüter des Oberamts Germersheim unter
die katholische Güter = Verwaltung gezogen wor=
den.

Die katholischen Geistliche stehen unter den Erz=
und Bißthümern Mainz, Trier, Worms, Speier
und Wirzburg; die Reformirten unter ihrem Kir=
chenrath; die Lutherischen unter ihrem Konsistorium.
Die Ehesachen der Protestanten überhaupt entschei=
det das von Reformirten und Lutheranern bestellte
Ehegericht. Die geistliche Gefälle werden von der
aus katholischen und reformirten Räthen zusammen=
sezten geistlichen Güter = Administration verwal=
tet.

Das Rheinpfälzische Volk ist wie das Klima
gutartig, und aufgeheitert, eben deswegen zu gros=
sen

fen Unternehmungen aufgelegt, und in der Kultur
des Bodens ein Beispiel für ganz Deutschland.
Denn unter deſſen Hand gedeihen faſt alle Arten
von Früchten, Bäumen, Futter = und Fabriken=
kräutern. Durch Fleiß und Nachdenken wurde ur=
bar, was Jahrhunderte durch wüſt gelegen, ſe n m
Fleiß hat man die herrliche Weine an Orten, wo
vor Jahrhunderten nichts war, zu danken. Es
nährt ſich mühſam, ergreift gern jede Gelegenheit,
Geld zu verdienen, und weißt die Jugend frühe
ſchon zur Arbeit an, vernachläßigt aber andurch
zuweilen die Ausbildung des moraliſchen Charak=
ters, es ſieht ſolche lieber auf dem Felde und bey
häußlichen Arbeiten, als in der Schule, wie wohl
die Schulen und deren Einrichtungen nebſt ihren
Lehrern mehr Schuld an dem Mangel des Unter=
richts haben mögen, als die Einwohner ſelbſt.
Doch dieß möchte der Fall in den meiſten deut=
ſchen Ländern ſeyn, wo die bürgerlichen und ge=
meinen Schulen leider noch ſchwache Stützen haben,
da ſie gewiß mehr Aufmerkſamkeit verdienen.

Das Wappen der Pfalzgraffchaft am Rhein
beſtehet in einem aufgerichteten goldenen Löwen
mit einer rothen Krone im ſchwarzen Felde ; es
befindet ſich in dem Herzſchilde im erſten und vier=
ten Felde des Kurfürſtlichen Wappens.

Der Kurfürſt theilt als Pfalzgraf am Rhein
die von ihm 1760 geſtifteten Pfälziſchen Löwen=
orden, deſſen Großmeiſter er iſt, an Fürſten,
Grafen und Freyherrn ohne Unterſchied der Reli=
gion aus. Die 1794 im Weinmonat zu Wein=
heim verſtorbene Kurfürſtin, Maria Eliſabetha
Auguſta hat auch 1766 den 19. Windmonat den
heiligen Eliſabethen = Orden geſtiftet, in welchen

Fürſt=

Fürstinnen, Gräfinnen und adeliche Damen aufgenommen wurden.

Von dem Herzogthum Baiern.

Baiern trägt seinen Namen von den Einwohnern, die ehedessen Bajuvari oder Bawari geheißen, welche Benennung Bauern bedeutet. Es liegt bis auf die im schwäbischen Kreis gelegenen Besitzungen in dem Kreis, der von ihm den Namen führt, hält in der Länge sechs und dreißig und in der Breite zwei und zwanzig Meilen, gränzt gegen Morgen an Oberösterreich, und an das Hochstift Passau, gegen Abend an Schwaben, gegen Mittag an das Erzstift Salzburg, Stift Berchtesgaden, an die gefürstete Grafschaft Tyrol, gegen Mitternacht an das Königreich Böhmen, und den fränkischen Kreis. Der Flächen-Inhalt von Baiern beträgt gegen siebenhundert zwei und neunzig Quadratmeilen.

Die Zahl der Einwohner soll sich auf eine Million einmal hundert ein und achtzigtausend sechshundert und neunzig Seelen belaufen. Es leben also auf einer Quadratmeile eintausend vierhundert neunzig Menschen, wo doch der Regel nach dreitausend Plaz hätten. Baiern gehört also unter die minder bevölkerten Staaten von Deutschland.

Die größten Flüße des Landes heißen: die Donau, Inn, Iser, Lech, Salzach und Regen. Die Donau entspringt bey Donneschingen in Schwaben,

ben, wird schon ober der Reichsstadt Ulm, wo die
Iller hineinfällt, schifbar, sie fließt von Abend
durch die Mitte Baierns, und nimmt bey der
Stadt Donauwörth den Lech, unter Stadt am Hof
den Regen, unter Deggendorf die Iser, und bey
Passau den Inn und noch viele andere Flüsse, als:
die Altmühl, die Acha, die Zell, Schmutter, Ilm
und Paar auf. Der Inn hat seinen Ursprung in
Graubünden, durchlauft Baiern in der Länge,
nimmt die Salzach unter der Hauptstadt Burghau=
sen auf und ergießt sich unter Passau in die Donau.
Die Iser hat ihren Ursprung in der Tyrolischen
Herrschaft Tauer zwischen Hall und Inspruck, durch=
fließt das Land in der Länge, nimmt die Loisach,
Mosach und Amper auf, und ergießt sich unter
Deggendorf in die Donau. Der Lech entspringt
auf dem Tannberg in Tyrol zwölf Stunden ober=
halb Reut, tritt bey Füßen in Baiern und machte
schon von altersher die abendliche Grenzen des
Landes gegen Schwaben, er nimmt in der Gegend
von der Reichsstadt Augsburg die Wertach und
noch andere kleine Gewässer in seinem Laufe auf,
und fällt unter der Stadt Donauwörth in die
Donau. Die Salzach entspringt in der mittägli=
chen Gegend vom Erzstift Salzburg, fließt der=
malen an den gegen Morgen gelegenen Grenzen
und ergießt sich unter der Stadt Burghausen in
den Inn. Der Regen entsteht aus einigen Gewäs=
sern, die sich an den Böhmischen Gränzen im
Rentamt Straubingen im Pfleggericht Zwisel samm=
len, und fällt zwischen Weichs und Stadt am Hof
in die Donau. Ueberhaupt fliessen alle die Ge=
wässer des Landes in die vorgenannten Flüße.

Die grösten Seen liegen in Oberbaiern, und
zwar im Rentamt München. Der Wurmsee bey

                                            Starn=

Starnberg, er ist zwei und eine halbe Meile lang
und eine halbe breit.   Der Stafelsee ohnweit dem
Städtchen Murnau hält eine halbe Meile in der
Länge, und eben so viel in der Breite.   Der
Walchensee ohnweit der Benediktiner=Abtei Be=
nediktbaiern liegt auf dem sogenannten Katzen=
kopf, und dem Kesselberg, ist vier und eine Vier=
tel Meile lang und drei Viertel breit.   Der Ko=
chelsee befindet sich ohnweit der Probstei Schlech=
dorf, hält eine Meile in der Länge und eine hal=
be Meile in der Breite.   Der Tegernsee ohnweit
der Benediktiner=Abtei Tegernsee faßt in der Län=
ge eine und eine Viertel Meile und drei Viertel
in der Breite.   Der Schliersee liegt in der Herr=
schaft Hohenwaldeck, er ist nicht ganz eine Meile
lang und drei Viertel breit.   Im Rentamt Burg=
hausen ist der Thiemsee zu merken; dieser hält in
seinem ganzen Umfang sieben und zwanzig Stun=
den; auf den darauf befindlichen zweien Inseln
liegen das Dom = und. regulirte Stift=Herrn *)
und auf der andern die Abtei Frauen=Chiemsee.
Ausser diesen giebt es noch eine Anzahl kleinerer
Seen, die man aber alle herzuerzählen für über=
flüßig erachtet.

Die grösten Gebürge und Berge des Landes
liegen an den Grenzen von Salzburg, Tyrol und
Böh=

---

*) 1215 hat der Erzbischof Eberhard II. zu Salzburg hier
   ein Bisthum gestiftet, dem aber von den Gütern des
   Stifts nichts eingeräumt worden. Der Bischof wird von
   dem Erzbischof zu Salzburg ernannt, bestätigt, und ein=
   geweihet, leistet auch demselben den Eid der Treue. 1218
   ertheilte der Kaiser demselben die Ehre und Freyheiten
   des Reichs.

Böhmen, und im Rentamt Amberg.   Der Fichtelberg ist der bekannteste.

Das Klima ist nicht überall gleich.   Die Gegend von Oberbaiern ist rauher, als die von Niederbaiern, und in Niederbaiern ist das Klima rauher gegen den Böhmischen Grenzen, als um Landshut und Straubing.   Alles, was aber im Rentamt Amberg liegt, ist ohne Vergleich rauher, als selbst jene Gegenden von Oberbaiern gegen Tyrol und von Niederbaiern gegen Böhmen zu. Das Klima würde überhaupt erträglicher werden, wenn man sich die Austrocknung der so vielen im Lande befindlichen sumpfigen Gegenden der überflüßigen Seen, Teichen, so wie das Ausstocken vieler unnöthigen Holzungen vorzüglich am Herzen gelegen seyn ließe.   Die Urbarmachung derlei wüsten und sumpfigen Oerter, wo sich das arme Vieh meist Lungensucht, Lungenfäule u. d. gl. auf seinem ordentlichen Weidgang hohlen muß, würde ein solches Uebel aufhören machen, auch die in Baiern so häufige Hagelschläge müßten seltner werden, deren Entstehen man sicher in den vielen sumpfigen Gegenden und unnöthigen Holzungen allein suchen muß.

Die Erzeugniße des Landes bestehen in verschiedenen Feld = Garten = zum Theil auch Baumfrüchten.   Man baut im Ueberfluß alle Arten Getreide, auch Haidekorn, Erbsen, Linsen, Flachs, Hanf und Hopfen u. d. gl.   Den künstlichen Futterkräuterbau kennt man aber im ganzen Lande noch wenig oder gar nicht, sonst zählt man die herrlichsten Wiesen, und viele gesunde Weiden. Nur in wenigen Orten kennt der Landmann den Gartenbau.   Die Baumzucht ist noch nicht ein-

C 4   hei-

heimisch, doch in Niederbaiern mehr als in Oberbaiern bekannt; überhaupt ist Obst, sonderlich gu-
tes Obst noch unter die sparsamsten Erzeugniße zu
zählen, daran das Bier Ursach seyn mag. Wein
wächst von Landshut bis in die Gegend von Regensburg etwa in einer Strecke von dreizehen Stunden. Die Viehzucht ist überhaupt von grossem
Belange, sonderlich die Pferde = und Schweine-
zucht, und würde den höchsten Grad von Vollkommenheit erlangen, wenn man den künstlichen
Futterkräuterbau allgemein einführen würde. An
Holz hat keine Gegend Mangel. Man hat einen
wahren Ueberfluß an allen Arten von Wildpret.
Die Flüße, Seen und Teiche reichen neben den
sonst überall bekannten Fischarten vorzüglich Hu-
gen, Renke u. d. gl. Die Berge halten Silber,
Eisen, Kupfer, Blei, Vitriol, Edelgesteine. *)
In Oberbaiern im Rentamt Burghausen, Pfleggericht Hals ist ein Eisenbergwerk, wo das erhal-
tene Eisen in der dabey befindlichen Waffenschmie-
de zu Aexten, Sensen, Sicheln, Beilen, Messern
u. d. gl. verarbeitet wird. Im Pfleggericht Marquartstein ist zu Berg und Rauschenberg ein Ei-
senwerk und Schmelzhütte. In Niederbaiern im
Rentamt Straubing befindet sich im Pfleggericht
Viehtach zu Podenmais ein Kupfer = und Silber-
bergwerk, und zu Bodenwöhr ein Vitriolwerk.
Bey Tegernsee fließt Steinöl. Im Rentamt Amberg liegt das ergiebigste Eisenbergwerk bey der
Stadt Amberg in dem sogenannten Erzberg, daran

---

*) Aus dem Sand der Donau, des Inns, der Iser, und
des Lechs wird reines Gold gewaschen, und die unter
dieser Flüsse Namen bekannten Dukaten ausgeprägt. Im
Regen findet man gute Perlen.

an hat der Landesherr und die Stadt Antheil.
Aus dem Fichtelberg erhält man allerhand Erze,
Edelgesteine und besonders das Lazurblau. Im
Landgericht Parkstein ohnweit dem Flecken Frey-
heug ist ein ergiebiges Bleibergwerk, und im Landgericht Sulzbach ohnweit der Stadt Sulzbach ein
Eisenbergwerk. Die schönsten Marmorbrüche finden sich im Rentamt München bey den Benedik-
tiner-Abteien Benediktbaiern und Tegernsee, und
im Rentamt Straubing bey der Benediktiner-Ab-
tei Weldenburg; man zählt überhaupt fünf und
zwanzig Marmorarten. Bey Passau wird Porze-
lanerde gegraben, und zu Nymphenburg, einem
Kurfürstlichen Lustschloß, eine Stunde von München gelegen, in der Landesherrlichen Fabrik verarbeitet. Das Land hat auch Bäder, diese liegen
im Rentamt München zu Moching, Rosenheim und
bey Wembding. Im Rentamt Burghausen bey der
Stadt Neuötting, und im Pfleggericht Traunstein
zu Adelholzen. Im Rentamt Straubing bey Abach.
Die Salzquellen des Landes sind zu Reichenhall, sie
sind die ältesten von Deutschland, und geben alle
Jahr eine Ausbeute von dreihundert zwanzig tausend Centner reinen Salzes.

Baiern ist dermalen in die Regierungen oder
Rentämter München, Landshut, Straubing, Burg-
hausen, Amberg und Neuburg getheilet, und iedes
Rentamt in Land- und Pfleggerichten. *).

Das

---

*) Amberg und Neuburg sind keine Herzogthümer, sondern
Theile von Baiern, die einige Zeit vom Mutterlande abgerissen waren, und bey dieser Gelegenheit, weil die Landesherrn Herzoge waren, mit dem Namen eines Herzog-
thums belegt worden.

Das Rentamt München enthält die Land- und
Pfleggerichter Aichach, Au und Giesing, Auerburg,
Aybling, Dachau, Donauwörth, Friedberg, Ge-
rolsing, Haag, Hochenschwangau, Köſching, Det-
ting und Stamham, Krandsperg, Landsberg,
Mainburg, Mehring, Murnau, Pfaffenhofen,
Rauchenlechsberg, Rhain, Rosenheim, Rotteneck,
Schongau, Schrobenhausen, Schwaben, Starn-
berg, Tötz, Vohburg, Wasserburg, Weilheim,
Wembding, Wolfratshausen und die folgende im
Schwäbischen Kreiſe liegende als Iuerdießen, Matt-
sies, Angelberg, Schwabeck, Mindelheim, Wer-
dingen, Hohenreiter, Rechbergreiten, Wiesensteig
und Türkheim.

Das Rentamt Landshut faßt die Land- und
Pfleggerichter Biburg und Geisenhauſen, Dingol-
sing und Reispach, Eggenfelden, Egmühl, Erding
und Dorfen, Kirchberg, Landau, Moosburg und
Isereck, Neumark, Osterhofen, Reichenberg und
Pfarrkirchen, Rottenburg, Teispach Wohlnzach.

Das Rentamt Straubing begreift die Land-
und Pfleggerichter Abbach, Abensberg und Altman-
stein, Cham, Deggendorf und Natternberg, Dieß-
senstein, Dietfurt und Riedenburg, Furth, Hai-
dau und Pfätter, Hengersberg und Winzer, Keil-
heim, Kötzting, Leonsberg, Mitterfels, Neustatt,
Pernstein, Regen, Schwarzach, Stadt am Hof,
Viehtach und Linden, Weisenstein und Zwiſel.

Im Rentamt Burghausen liegen die Land- und
Pfleggerichter Grießbach und Hofmark, Gögging,
Hals, Julbach, Kling, Kreiburg und Mermosen,
Marquartstein, Neuötting, Reichenhall, Traun-
stein, Troßberg, Vilshofen, Wald.

Das

Das Rentamt Amberg zählt die Land- und Pfleggerichter, Allersberg, Auerbach, Beratshausen, Bernau, Breiteneck, Burglengenfeld, Kallmünz und Schneidmühlen, Eschenbach, Grafenwörth und Kirchenthumbach, Floß, Freudenberg, Hartenstein, Hemau, Heideck und Hilpoltstein, Hirschau, Laaber und Luppurg, Murach, Nabburg, Neumarkt, Neunburg, Parkstein und Weyden, Parßberg, Pfaffenhofen und Haimburg, Pleystein, Pruck und Rötz, Regenstauf, Rieden, Rottenberg und Schnaittach, Salern und Zeitlarn, Schwandorf, Sulzburg und Pyrbaum, Thurndorf und Hollenberg, Treßwitz, und Tennesberg, Velburg, Vohenstrauß, Waldeck, Kemnath und Pressath, Waldmünchen, Waldsassen, Wetterfeld.

Die vom Rentamt Neuburg heissen : Burkheim, Constein, Graispach und Monnheim, Gundelfingen, Höchstätt, Lauingen, Reichertshofen, Rennertshofen.

Unter den dreihundert und fünfzig Städten, hundert und sechszig Flecken, tausend acht und sechszig Hofmärken, zweihundert drei und achtzig Sitzen *), und unter den eilftausend Dörfern und vielen hundert Vorwerkern, Maierhöfen oder Einöden sind die merkwürdigsten Orte.

München die Haupt- und Residenzstadt vom ganzen Lande ; sie soll gemäß den Hausverträgen
von

---

*) Hofmarken sind adeliche Güter, wo der Inhaber die Niedergerichtsbarkeit über seine da befindliche Unterthanen ausüben darf; Adeliche Sitze erfreuen sich aber nur einer Gerichtsbarkeit, so weit das Dachtrauf geht.

von den Jahren 1766 und 1777 die Haupt = und
Residenzstadt zu ewigen Zeiten von Pfalzbaiern
bleiben.   Sie liegt am linken Ufer der Iser unter der Breite von 48° 10′ und unter der Länge von 29° 11′, ist befestiget, hat grade Stras-
sen, die zur Nachtszeit beleuchtet werden, und vier
Thore, faßt sieben und zwanzig Kirchen, vier
Pfarr=, hundert und zwölf geistliche Häuser, acht
Manns = und sieben Nonnenklöster, ein Exercitien=
oder geistliches Uebungshauß, fünftausend bürgerliche, und gegen zwanzig zur gemeinen Stadt ge=
hörige Gebäude und Häuser.   Die Bevölkerung be=
läuft sich sicher auf zwei und vierzig tausend See=
len.   Hier ist der Sitz des Ministeriums, dem der
Kurfürst in eigener Person vorsizt, und der Mit=
telpunkt, wo alle Pfalzbaierische Angelegenheiten
verhandelt und abgethan werden.   Hier finden sich
die auswärtigen Minister und Agenten, und die über
das Land gesetzte Dikasterien, eine von dem höchst=
seligen Kurfürsten Maximilian Joseph, der so viel
für die Aufklärung gethan, 1759 mit Nutzen gestif=
tete Akademie der Wissenschaften, eine erst 1790
von dem General der Artillerie Chevalier Tompson
Reichsgrafen von Rumford errichtete Militär=Aka=
demie, ein Lyceum, Forst = und Veterinaireschule.

Im Umfang der Stadt sind zu bemerken, die
Kurfürstliche Residenz und in solcher die schöne und
geräumige Säle, die Kaiserzimmer, die mit Wahr=
heit so benannte schöne Zimmer, die zu Ehren der
Mutter Gottes eingeweihte sehr kostbare Hauskapel=
le, das Behältniß der Alterthümer, die Kunst = und
Schatzkammer, und in dem daran liegenden Hof=
garten, die von dem Lustschloß Schleußheim anher
versezte Bildergallerie.   Diese steht jedermann frei=
lich gegen ein Trinkgeld offen, und der junge Künst=

ler

ler läßt sich da nach Belieben ein Gemälde abneh-
men um es zu kopiren. Die Herzog Maximilians
Burg zählt auch geräumige Zimmer und dient ie-
nen fürstlichen Gästen zur Wohnung, die noch nicht
regieren oder die regieren, aber von Geburt nicht
fürstlichen Herkommens sind. Das ehemalige einen
sehr großen Raum fassende Jesuiter-Collegium, und
in solchem die Kurfürstliche Bibliothek, welche achtzig tausend Bände enthält, und wozu noch drei und
zwanzig tausend aus der Jesuiter Bibliothek gekommen sind. Die Manuscripte schätzet man auf fünfhundert, worunter manche wichtige Codices sind.
Das Münzkabinet enthält unter vielen andern Kost-
barkeiten römische Münzen, welche man unter den
Ruinen der von diesem berühmten Volk noch übrig
gebliebenen Kastellen, Herrstraßen findet, und von
Gold, Silber, Erz und Kupfer zu seyn pflegen.
Die mit Naturalien, Modellen physikalischen Instrumenten und Büchern eingerichteten Zimmer der
Akademie der Wissenschaften sind auch in diesem Gebäude zu sehen. Die dabey befindliche Kirche ist wegen ihrer Bauart und großen darin verwahrten
Schätzen sehenswürdig. Die Stiftskirche faßt das
Grab des Baierischen Kaisers Ludwig, es steht im
Chor der Kirche, und ist seiner Arbeit wegen nicht
weniger anzuzeigen würdig. Die übrigen Kirchen
der Stadt, und sonderlich die der Augustiner, verdienen wegen den kostbaren Mahlereyen angeführt
zu werden. An Fabriken finden sich folgende : eine
Tapetenwirkerei von sogenannten haute lice , eine
Catunmanufaktur, die jährlich an die zehen tausend Stücke liefert, eine Tabaks-, Zeug-, Leder-,
Gold-, Silber-, Karten- und Pinselfabrik. Hier
ist auch die Pflanzschule von weissen Maulbeerbäumen für Oberbaiern.

Jogol-

Ingolstadt eine starke Vestung liegt am linken Ufer der Donau, hat schöne grade Straßen, zehn Kirchen, drey Pfarr = und Schulhäuser, zwei Manns = und eben so viele Nonnenklöster, tausend bürgerliche Häuser und neun gemeine der Stadt angehörige Gebäude. Die Bevölkerung mag sich auf fünf tausend Seelen belaufen. Hier ist der Sitz eines Kurfürstlichen Stadthalters, eines Raths = Kollegiums, und einer von Herzogen Georg dem Reichen 1772 gestifteten Universität, die unter die ganz Katholischen gezählt wird. Ingolstadt hat die Stappelgerechtigkeit.

Im Umfang der Stadt ist anzumerken das Schloß mit dem Zeughauß, das Universitäts = Gebäude, die Universitäts = Bibliothek in dem Kollegium der ehemaligen Jesuiten; der vom Pater Urban aus eigenen Mitteln da aufgebaute Urbanische Saal; das Zimmer mit den physikalischen Instrumenten; die Sternwarte. Das anatomische Gebäude und der dabey befindliche botanische Garten, sind zwekmäßige Anstalten und Zierden der Stadt und der Universität.

Donauwörth eine Stadt am Einfluß der Wernitz in die Donau, ist wohl gebaut, zählt drei Kirchen, ein Pfarr = und Schulhauß, eine Benediktiner Mannsabtei zum heiligen Kreuz genannt, gegen vierhundert vierzig bürgerliche und fünf zur gemeinen der Stadt gehörige Häuser. Die Bevölkerung mag drei tausend fünfhundert Seelen betragen. Die Stadt ist bekannt worden, weil dieselbe ehedessen eine freie Reichsstadt war, die bald von, bald wieder zu ihrer Reichsunmittelbarkeit gelangt ist, bis sie endlich 1782 die Schwäbische Kreisversammlung als eine unmittelbare Baierische Landstadt auf ewige Zeiten erklärte.

Lands=

Landshut ist die zweite Hauptstadt, und ware lange die Residenz von den Herzogen, so in Niederbaiern regierten; sie liegt am rechten Ufer der Iser, ist schön gebaut, zählt eilf Kirchen, zwei Pfarr- und Schulhäuser, drei Manns = und zwei Nonnenklöster, tausend bürgerliche und mehrere gemeine der Stadt angehörige Gebäude und Häuser. Die Bevölkerung mag sich auf viertausend und fünfhundert Menschen belaufen. Hier ist der Sitz einer über das Rentamt bestellten Regierung, einer zu Erhebung der Gefällen niedergesezten Rentdeputation und eines Gymnasiums.

Im Umpfang der Stadt ist das Schloß unter dem Namen der Neubau, das Rathhauß, die Stiftskirche und der dabey befindliche Thurm, der der höchste von ganz Deutschland ist, zu merken. Auf dem an der mittägigen Seite der Stadt gelegenen Hofberg befindet sich die eigentliche Burg, Traußniz genannt, wo die alten Herzoge von Niederbaiern gewohnt haben. Bey der Stadt ist die Pflanzschule von den weissen Maulbeerbäumen für Niederbaiern.

Straubing heißt die dritte Hauptstadt, sie liegt an der Donau, war ehemals befestigt, ist ganz neu gebaut, zählt neun Kirchen, zwei Pfarr = und Schulhäuser, zwei Manns = und eben so viele Nonnenklöster; tausend fünfzig bürgerliche und sechs zur gemeinen Stadt gehörige Gebäude und Häuser. Die Bevölkerung mag drei tausend neunhundert Menschen betragen. Hier befindet sich die Regierung des Bezirks, die Rentdeputation und ein Gymnasium.

Straubing ist die Ruhestätte, der in der Geschichte bekannten unglücklichen Agnes Bernauerin.

Burg-

Burghausen die vierte Hauptstadt liegt am linken Ufer der Salzach, ist auf der Landseite befestigt, besteht aus einer einzigen Strasse, und dem Marktplatze, zählt vier Kirchen, ein Pfarr = und Schulhaus, ein Manns = und ein Nonnenkloster, etwa zweihundert fünfzig bürgerliche und mehrere gemeiner der Stadt gehörige Gebäude und Häuser. Die Bevölkerung mag sich auf neunhundert Seelen belaufen. Hier ist der Sitz der Bezirks = Regierung und Rentdeputation und einer 1760 von dem verstorbenen Kurfürsten Maximilian Joseph gestifteten Gesellschaft sittlich und landwirthschaftlicher Wissenschaften und eines Gymnasiums.

Amberg ist die erste Hautstadt vom Rentamt, so gleichen Namen führt, durch dessen Mitte die Vils fließt, und die Stadt in die Obere und Untere abtheilt, sie ist wohl gebaut, zählt mit denen ausser der Stadt und der auf dem heiligen Berge gelegenen Maria = Hilfkirche eilf Kirchen, zwei Pfarr = und Schulhäuser, zwei Manns = ein Nonnenkloster und ein Hospitium, beyläufig tausend fünfhundert bürgerliche und acht zur gemeinen Stadt gehörige Gebäude und Häuser. Die Bevölkerung kann in zehn = bis eilftausend Seelen bestehen. Hier ist der Sitz eines Erbstadthalters, einer Regierung und Hofkammer, und eines Lyceums.

Im Umfang der Stadt sind sehenswerth das Kurfürstliche Schloß, das der Erbstadthalter bewohnt, das dermalen leerstehende Münzgebäude. Bey der Stadt auf dem Landsassenguth Neumühl, der Waffenhammer und Drathzug.

Neuburg liegt am rechten Ufer der Donau, und war einige Zeit die Residenzstadt der unter diesem

diesem Namen bekannten Pfalzneuburgischen Linie,
ist wohl gebaut, zählt sieben Kirchen, zwei Pfarr-
und Schulhäuser, zwei Manns- und zwei Nonnenklöster, beyläufig tausend bürgerliche und einige zur gemeinen Stadt gehörige Gebäude und
Häuser. Die Bevölkerung kann in dreitausend
fünfhundert Seelen bestehen. Hier ist die Regierung und Rentdeputation des Bezirks, und ein
Gymnasium.

Im Umfang der Stadt verdienen gesehen zu
werden das Kurfürstliche Schloß, und in solchem
eine kostbare Sammlung alter mit Gold und Silber eingelegter Harnische, das Kollegium des aufgehobenen Jesuiter-Ordens, das Rathhaus. Im
Jahr 772 war Neuburg noch der Sitz eines Bi-
schofs.

Sulzbach liegt an der Rosenbach zwei Stunde von der Stadt Amberg, sie war einige Zeit
die Residenzstadt einer unter diesem Namen be-
standenen Pfalzsulzbachischen Linie, von der der dermalige Kurfürst abstammt. Man zählt hier
sammt der ausser der Stadt gelegenen St. Anna-
Kirche vier Kirchen und ein reformirtes Bethhaus,
drei Pfarr- und Schulhäuser, ein Manns- und
ein Nonnenkloster, eine Juden-Synagoge; etwa
achthundert bürgerliche Häuser, und einige zur
gemeinen Stadt gehörige Gebäude und gegen viertausend Einwohner. Hier befindet sich die Kurfürstliche simultanische Religions- und Kirchen-
Deputation, und zwei lateinische Schulen.

Im Umfang der Stadt ist das landesherrliche Schloß, und einige Fabriken, worunter die
Spiegelfabrik die ansehnlichste ist, zu merken,
auch befindet sich hier eine jüdische Druckerei.

D   Reichen-

Reichenhall, eine Pfleggerichtsstadt in Ober=
baiern im Rentamt Burghausen ist wegen der da
befindlichen Salzquellen bekannt, auf die vielleicht
in mehrern Jahrhunderten nicht so viel Aufmerk=
samkeit verwendet worden, als der Herr von
Claiße ein Schweitzer darauf verwendet hat. In
einem Umfang von acht und zwanzig Schuhen ent=
springen dreizehen Quellen, fünf als die gröſten
davon stehen wie Satelliten um den Edelfluß, der
aus der Tiefe heraufsprudelt, und von diesen Quel=
len sich nur den Saum netzen läßt. Bey dem hie=
sigen Salzwerk ernähren sich zweitausend fünfhun=
dert fünfzig Arbeiter und siebenhundert Holzknech=
te. Das überflüßige Wasser, welches aus Man=
gel des nöthigen Holzes hier nicht mehr konnte
versotten werden, hat Kurfürst Maximilian I.
1616 durch einen aus Braunschweig gebürtig ge=
wesenen Mathematiker Heinrich Volkmar, durch
Druckwerke in bleiernen Röhren sieben Stunde in
einer Höhe von zweitausend hundert acht und sechs=
zig Schuhen nach der bey der Pfleggerichts=Stadt
Traunstein befindlichen Hofmark Au leiten lassen,
welches Kunstwerk noch heut zu Tag steht, und
wo sich wieder fünfhundert fünfzig Arbeiter und
sechshundert Holzknechte nähren.

Silberberg, Ehona, ein Dorf im Rentamt
München und Pfleggericht Wolfartshausen gelegen,
ist wegen den vielen römischen Münzen, so da
schon gefunden worden, und täglich noch gefun=
den werden, bekannt. Der zu München verstor=
bene Hofkammerrath von Licibrun fand bey Hei=
denberg eine Ara Jovis, Jupiters Altar, und ge=
gen den Ortschaften Laufzorn und Grünwald ent=
deckte derselbe eine Viertelstund unterhalb dem
Dorfe Straßbach an dem Stande der Anhöhe,
wo die Iser in einem zwanzig Klafter tiefen Bet=
te

te vorbeyfließt, Spuren eines halbrunden Kaſtells,
welches mit einem dreifachen Walle und vierfa-
chen Graben ſo umgeben war, daß iener dreifa-
che Wall das Kaſtell nur auf der Landſeite, und
zwar in Geſtalt eines Halbzirkels eingeſchloſſen
und mit dem innern Theil oder ſeiner offenen
Seite den Rand der Anhöhe berührte. Die in
den Felſen dieß und jenſeits zu keinem andern
Behuf als der Tragbäume, Zwergbalken ſichtbar
eingehauene Löcher, die aus dem Fluß hervorra-
gende zu einem Unterbau, zu Pfeilern geeignet gewe-
ſenen Steinmaſſen nehmen allen Zweifel, daß nicht
hier eine Brücke geſtanden, die durch das Kaſtell
gedeckt worden war; einige Schritte weiter be-
merkte derſelbe eine Anzahl kleiner und groſſer
Hügel, die ihn ihrer ſonderbaren Lage wegen auf
die Vermuthung geführt: daß dieß die Ueberbleibſel von der römiſchen Stadt und Station Cabo-
donum ſeyn muſten. In Niederbaiern im Rentamt Straubing in der Gegend der Pfleggerichts-
Stadt Kellheim finden ſich noch überall Ruinen
zerfallener Gebäude, unterirdiſche aber noch un-
unterſuchte Gewölber und Gänge, ſinkende Anhö-
hen, alte Schanzen und Straßen, bey denen dermalen noch römiſche Geräthſchaften, Waffen, Münzen, Grabſteine und Inſchriften häufig entdeckt
werden. Die römiſche Schanzen oder Kellheim
werden gemeiniglich die Heidengräben genannt.
Bey der Benediktiner Abtei Weltenburg ſind Spuren einer Brücke oder Fahrt, die mit der Teu-
felsmauer zuſammen hieng, weiter finden ſich bey
dem Dorf Einning Ueberbleibſel von einem Kaſtell,
ſo nach Wentins Dafürhalten, zu den Zeiten der
Römer, Cenum geheißen. In der dabei gelegenen Gruft fand ein Benediktiner Edmund Schmid
eine Ara Jovis, Jupiters Altar.

Es

Es ist bekannt, daß Baiern gegen vierhundert Jahre eine römische Provinz gewesen, es müssen sich also noch viele unentdeckte Alterthümer von diesem Volke da finden. Die in dem itinerario Antonini beschriebene sechs Heerstraßen zogen durch Baiern; die erste führte von Lorch einem Marktflecken in Oberösterreich am Fluß Lorch durch Oberbaiern nach der dermaligen Reichsstadt Augsburg; die zweite durch das noricum ripense oder Niederbaiern wieder von Lorch nach Augsburg; die dritte durch Oberbaiern nach Wiltau bey Insprück in Tyrol; die vierte von Oetting durch Oberbaiern nach Kunzen; die fünfte ebenfalls von Oetting durch Oberbaiern nach Wiltau bey Insprück; die sechste von Augsburg durch Oberbaiern nach Verona einer dermaligen sehr großen Stadt in ober Italien in dem Gebiet von Verona.

Die Chausseen von dem Herzogthum Baiern verdienen gewiß hier genennt zu werden, sie ziehen so mannigfaltig durch das Land, daß man derselben sonderlich zugedenken hier zu weitläufig werden müßte; ihr Entstehen haben sie vorzüglich dem für Baiern unvergeßlichen Kurfürsten Maximilian Joseph zu danken.

Die Kriegsmacht des Landes besteht in zwei Grenadier=, einem Feldjäger=, sieben Fusilier=Regimentern, in vier Kompagnien des Artillerie=Regiments, in einem Küraßier=, drei Chevaux=Legers= und einem Dragoner=Regiment, welche nach dem Friedensfuß sich zehen tausend vierhundert sechs und fünfzig, nach dem vermehrten Friedensfuß achtzehn tausend vierhundert und nach dem Kriegsfuß neunzehn tausend sechshundert sechs und neunzig Köpfe betragen. Der Kurfürst hält als Herzog

in

in Baiern eine Leibgarde von hundert Hartschieren, und eben so vielen Trabanten.

Die Einkünfte des Landes belaufen sich genau auf acht Millionen fünfhundert acht und vierzig tausend sechshundert ein und achtzig Gulden, und die Ausgaben mögen acht Millionen einhundert sieben und vierzig tausend achthundert sechs und achtzig betragen.

Die Regierung ist in Baiern theils in den Händen des Herzogs allein, theils regieren die Stände mit ihm; er regiert allein in den zum Rentamt München gezählten schwäbischen Besitzungen und im Rentamt Amberg, hingegen hat er in den Rentämtern München, Landshut, Straubing, Burghausen Stände *) an der Seite, so auch im

D 3   Rent-

---

*) In den Rentämtern München, Landshut, Straubing und Burghausen bestehen die Stände aus Prälaten, Rittern und Bürgern, sie haben sich die Standschaft von Herzog Otto von Niederbaiern und König in Ungarn erkauft, sie dürfen sich ohne des Herzogs Wissen und Willen niemals zusammen und auf einmal versammlen, wohl durch Verordnete vertreten lassen, die zu München und Landshut das Jahr durch öfter zusammen treten, sie bestehen aus zwei Prälaten vom Rentamt München, einem vom Rentamt Landshut, einem vom Rentamt Straubing, und einem vom Rentamt Burghausen. Die Ritterschaft stellt aber überhaupt zehn, und alle Städte fünf Bürgermeister dazu. Zum Verordneten des Ritterstandes kann keiner erwählt werden, der nicht von altem Adel, und achtzig Jahre wenigstens ein Landständisches Guth besessen. Der Prälaten - und Ritterstand besitzt zwei Fünftheile an Gütern.

Rentamt Neuburg. *) Ein zeitlicher Herzog von
Baiern ist auch der allgemeinen deutschen Reichsversammlung im weltlichen Fürstenrath Direktor
und wegen Neuburg führt er die zehnte Stimme.
Auf den Baierischen Kreisversammlungen ist er
mit dem Erzstift Salzburg kreisausschreibender
Fürst und Direktor, und wegen der übrigen zur
Kreisstimmführung geeigneten Besitzungen führt
er die dreizehnte Stimme. Auf den Schwäbischen
Kreisversammlungen hat er auch Sitz und Stimme wegen seinen da gelegenen Besitzungen. Zum
Besitz dieses Landes sind die Voreltern des dermaligen Landesherrn 1179 (nachdem Baiern von
544 — 788 durch Könige, zu den Zeiten K.
Karls des Großen durch Grafen und Markgrafen, dann durch Wahlfürsten, und einige Zeit
durch Herzoge aus verschiedenen Häusern regiert
worden war) durch Kaiser Friedrich I. gelangt;
dieser verliehe Otto Grafen zu Scheuern und Wittelspach, damaligen Pfalzgrafen in Baiern dieses
Herzogthum, von dem der dermalige Regent, wie
auch die noch übrige Pfalzzweibrückische und Pfalzbirkenfeld Gellnhausische Linie abstammen. Man
behauptet, dieser Otto seye ein Abkömmling Kaisers Karl des Großen gewesen, mithin wären
auch die noch lebende Pfalzgrafen am Rhein Abkömmlinge von diesem so berühmten Kaiser. Dermalen ist Scheuern eine Benediktiner Abtei, sie
liegt in Oberbaiern im Pfleggericht Pfaffenhofen;
Wittelspach die Burg ist zerfallen, man sieht da
noch

---

*) Hier bestehen die Stände aus dem Adel und geistlichen
Stand, überhaupt aus zwei Verordneten des Adels und
dem Abt des Reichsstifts zum H. Ulrich und Afra in
Augsburg als Probst zu Unterliezheim.

noch die Ruinen im Pfleggericht Aichach ohnweit der Hofmark Unterwittelspach.

Der Herzog regiert hier an der Spitze sei-nes Ministeriums, die Landes = Kollegien müssen sich alle in wichtigen Angelegenheiten dahin wen-den, woher sie ihre Entschliessungen bekommen. 1777 den 30. Christmonat folgte der dermalige Landesherr Karl Theodor in der Regierung die-ses Landes, und Baiern wurde nach vierhundert drei und achtzig Jahren wieder mit der Pfalzgraf-schaft am Rhein ein Land.

Die herrschende Religion ist in ganz Baiern die katholische, doch finden sich auch im Rentam-te Amberg viele evangelisch = lutherische Untertha-nen. Der Landesherr läßt seine vielumfassende Rechte in geistlichen Sachen durch einen aus geist-lich und weltlichen Räthen zusammengesezten geist-lichen Rath ausüben, dessen vorzüglichste Pflicht die Aufrechthaltung der mit den Erz = und Biß-thümern von Zeit zu Zeit errichteten Konkordaten mit ist. Die geistliche und milde Stiftungs = Gü-ther stehen im Ganzen unter diesen Rath, vor dem müssen die Rechnungen abgelegt werden. Der Landesherr zieht mit päpstlichem Einverständniß von allen geistlichen Einkünften ohne Unterschied den zehenden Theil. Die katholischen Geistlichen stehen sonst unter den Erz = und Bißthümern Salzburg, Regensburg, Freysing, Augsburg, Pas-sau, Eichstädt, Chiemsee, Bamberg und Kostanz. Die katholische Pfarreien sind in fünf und sechs-zig Ruraldekanien getheilt. Die evangelisch = lu-therischen Geistlichen stehen unter ihrem Ministe-rium, und bestehen aus den Inspectionen Sulz-bach, Weyden und Vohmstrauß. Das Land soll

D 4   über=

überhaupt tausend dreihundert ein und vierzig katholische und dreißig evangelisch-lutherische Pfarreien, vierhundert ein und fünfzig Beneficien,
neun Chorstifter, hundert und neunzehn Abteien
und Mönchsklöster, drei und zwanzig Hospitien,
und sechs und dreißig Frauenabteien und Nonnenklöster zählen.

Der Baierische Volkscharakter ist fröhlich und
gutmüthig; es gehört gewiß viel Unterdrückung
dazu, bis er sich in dem Grade verfinstert und
auf Mord und Aufruhr sinnet, sonst zum Aber-
glauben geneigt. Das Baierische Volk ist hart zu
neuen Unternehmungen zu bringen, zumal, wo etwas gewagt werden muß, vielleicht auch um des-
willen nicht sonderlich arbeitsam, weil man sich
mit weniger Mühe in Baiern als in andern Ländern nähren kann. Die vielen ungebaute Stre-
cken Landes sind leider ein Beweiß, daß es noch
sehr an Menschen und arbeitsamen Händen fehlt.
Der Baier nährt sich vorzüglich durch den Feldbau, die Viehzucht und den Holzhandel, sonst
zählt das Land verschiedene Manufakturen von
groben Tüchern, wollenen Zeugen, Strümpfen;
Fabriken von Sackuhren. In Baiern werden auch
auf den Glashütten gläserne Knöpfe und Korallen
verfertiget; es ist dies meist eine Waare für die
Ostindische Compagnie, und dienen zum Putz der
Indianer; das Pfund kostet achtzehn Kreuzer in
Nürnberg. Der Salzhandel, obwohl er in den
Händen des Landesherrn allein ist, trägt doch im
Durchschnitt den Baierischen Unterthanen alle Jahr
sicher siebenmal hundert sechszehn tausend zwei
hundert sieben und fünfzig Gulden. Die Erzie-
hungsanstalten sind bis auf einige wenige Gegenden ausgenommen sehr zurück und bedürfen einer
grossen

grossen Verbesserung. Man zählt Gegenden, wo
kaum der zweihunderte Mann lesen und schreiben
kann, auch die Schulmeister sind seltner auf den
Dorfschaften als wie in andern Ländern zu finden.
Indessen ist zu hoffen, daß diesem Mangel in un=
sern Zeiten bald und nachdrücklich abgeholfen
werde.

Das Herzogliche Wappen besteht in einem sil=
bernen und blauen ein und zwanzigmal geweckten
Feld und befindet sich im zweiten und dritten Fel=
de des Herzschildes in dem Kurfürstlichen Wap=
pen.

Der Kurfürst theilt als Herzog in Baiern den
hohen Ritterorden des heiligen Georgs unter dem
Titel des Beschützer der unbefleckt empfangenen
allerseligsten Jungfrau Maria aus, er nennt sich
dessen Großmeister, sonst zählt der Orden noch ei=
nen Großprior, einige Großkommenthuren, Kom=
menthuren und Ritter. Es gelangt niemand, der
nicht vom stiftmäßigen Adel und katholischer Re=
ligion ist, in solchen.

Von

Von der Landgraffchaft Leuch= tenberg.

Die Landgraffchaft Leuchtenberg liegt im Baie= rifchen Kreis, und ift ganz vom Rentamt Amber= gifchen Land und Pfleggerichte umgeben und hält fünf Quadratmeilen. *)

Die Zahl der fämmtlichen Einwohner beläuft fich auf fiebentaufend zweihundert fieben und neun= zig Seelen.

Der Fluß des Landes heißt die Nabe, fie ent= fpringt auf dem Fichtelberg in dem Fichtelfee, nimmt bey dem Schloß Pruck die Haid=Nab auf, und ergießt fich unter Stadt am Hof bey der Ab= tei Prifening in die Donau.

Das Klima ift rauh, wie überhaupt im Rent= amt Amberg, von dem Leuchtenberg ganz umge= ben ift. Die Erzeugniße beftehen in Feldfrüchten und Holz; die Viehzucht ift nicht unbeträchtlich.

Das ganze Ländchen ift eingetheilt in das Landgericht Leuchtenberg, Richteramt Mißbrun und Burgardsried, Stadtgericht Pfreimbt und Pfleg= amt Wernberg. Unter den zur Landgraffchaft ge= höri=

---

*) Sie follte der Ordnung gemäß erft nach den Herzogthü= mer Gülch und Berg vorgetragen werden; weil aber die Landgraffchaft im Baierifchen Kreis liegt, fo hat man fie hier gleich nach Baiern folgen laffen.

hörigen vier und zwanzig Ortschaften, Einöden und Mühlen ist das Hauptort

Pfreimbt die ehemalige Residenzstadt des gan=
zen Landes, sie liegt am Einfluß der Pfreimbt in die Nab, faßt drei Kirchen, ein Pfarr = und Schulhauß, etwa vierhundert öffentliche Gebäude und Häuser. Die Einwohner mögen sich über tausend belaufen. Hier ist der Siz eines über das Land gesezten Kommissärs und eines Landge=
richts.

Im Umfang der Stadt verdient die Residenz der alten Landgrafen von Leuchtenberg (die der=
malen der Kurfürstliche Kommissär bewohnt) ge=
nannt zu werden.

Die Einkünfte der Landgrafschaft bestehen nach einem Durchschnitt in neun und zwanzig tausend hundert und drei Gulden, und die Aus=
gaben in zehntausend siebenhundert und eilf Gul=
den.

Die Regierungsform ist unbeschränkt. Der izige Landesherr läßt das Land, wie seine Vor=
fahren, durch einen Kommissär in Civil = und Po=
lizei = Sachen verwalten. Es hat seinen eigenen Lehenhof. Ein zeitlicher Landgraf hat auf der all=
gemeinen deutschen Reichsversammlung die zwei und siebenzigste Stimme, so hat er auch Siz und Stimme auf den Baierischen Kreistägen. Nach dem ohne männliche Erben 1646 erfolgten Todt Landgrafen Adams fiel dieses Land an Baiern, denn es erhielt schon 1502 die Anwartschaft dar=
auf und Herzog Albrecht hatte die einzige Schwe=
ster des Verstorbenen darüber noch zur Gemahlin.

Leuch=

Leuchtenberg gehört zu dem Pfalzbaierischen Familien-Fideikommiß, die Nachfolge ist also, wie bey Pfalz und Baiern gesagt worden, festgesezt.

Die herrschende Religion ist die Katholische. Die Geistlichkeit steht unter dem Bißthum Regensburg.

Das landgräfliche Wappen, so der dermalige Landesherr nicht, wohl aber dessen Titel er führt, besteht in einem rothen Balken im silbernen Felde.

Von dem Herzogthum Gülch.

Das Gülcher Land ist von Kaiser Karl IV. auf einem 1356 zu Mez gehaltenen Reichstage zu einem Herzogthum erhoben worden; es liegt im Westphälischen Kreis, grenzt gegen Morgen an das Erzstift Köln, gegen Abend an das Herzogthum Geldern, Bißthum Lüttich, Herzogthum Limburg, an das Gebiet der Reichsstadt Aachen, und an das Stift Corneli-Münster, gegen Mittag an die Herrschaften Schleiden, und Blankenstein und an das Erzstift Köln, gegen Mitternacht an das Herzogthum Geldern. Der Flächen-Inhalt beträgt ungefähr fünf und siebenzig Quadratmeilen.

Die Zahl der Einwohner beläuft sich auf einhundert achtzig tausend Seelen; mithin wohnen auf einer Quadratmeile zweitausend vierhundert Menschen.

Die

Die merkwürdigſten Gewäſſer ſind der Rhein, er fließt auf der Morgenſeite, die Maas, ſo in Lothringen entſpringt, auf der Abendſeite, und die Ruhr, die im Amt Monjoye entſteht, durchfließt das Land der ganzen Länge nach. Die andern Wäſſer z. B. die Erft, Niers, Uhr ergieſſen ſich aber in die erſten drei Flüſſe.

Das Klima iſt noch ſo ziemlich gemäßigt, aber doch nicht mehr ſo ſanft, wie am Oberrhein; man muß alſo das entbehren, was vorzüglich vom Klima abhängt, wohin ſonderlich der Weinwachs zu rechnen iſt.

Das Gülcher Land zeugt in einer auſſerordentlichen Menge Getreide, man rechnet, daß der Boden das dreißig bis vierzigſte Körnchen gebe. Der künſtliche Futterkräuterbau iſt in Aufnahme. Von Fabriken=Kräutern wird ſonderlich Waid gebaut; der Baumzucht wird auch gewartet. Es liegen aber große und unüberſehbare ſandigte Haiden wüſte und öde, auf denen Kiefern mit geringen Koſten geſäet werden könnten, und die weitläufige Elsbrücher an den Flüßen wären zu Wieſen leicht urbar zu machen. Das Land zählt ſonſt viele Weiden und Wieſen, die die Viehzucht begünſtigen. An Holz hat Gülch keinen Mangel, auch Wildpret giebts nach Nothdurft. Die Flüße haben Fiſche, und die Bäche Krebſe. Die Bergwerke des Landes ſind zu Kohlberg und Eſchweiler. Die Gülchiſchen Manufakturen und Fabriken liefern verſchiedene Waaren von Meßing, wollenen Tüchern, Eiſenwaaren, Seidenwaaren, und Fingerhüten.

Das

Das Herzogthum ist in neun und zwanzig
Aemter eingetheilt, sie heissen Aldenhoven, Berg=
heim, Boßlar, Linnich, Brüggen, Dahlen, Dü=
ren, Pir, Merken, Eschweiler, Wilhelmstein,
Euskirchen, Geilenkirchen, Randerrath, Glabbach,
Gülch, Haimbach, Heinsberg, Kaiserswerth, Ka=
ster, Jüiben, Monjoye, Münstereifel, Revenar,
Sittart, Millen, Born, Tomberg, Wassenberg.
Die merkwürdigsten Orte vom Lande heissen:

Gülch, es ist die erste Haupt = und ehemali=
ge Residenzstadt des Landes an der Ruhr., sie ist
befestigt und mit einer Citadelle versehen. Man
zählt hier sieben Kirchen, drei Pfarr = und Schul=
häuser, ein Manns= und zwei Nonnenklöster, ohn=
gefähr dreihundert bürgerliche und zur gemeinen
Stadt gehörige öffentliche Gebäude und Häuser
und gegen vierhundert Bürger. Die Stadt soll
von Julius Cäsar erbaut worden seyn.

Düren die zweite Hauptstadt liegt ebenfalls an
der Ruhr, begreift in sich vier Kirchen, zwei Pfarr=
und Schulhäuser, ein Manns = und ein Nonnen=
kloster, über tausend fünfhundert Gebäude, und
gegen achttausend Einwohner. Hier verdienen vor
andern angemerkt zu werden die Eisenschmiede=
Manufaktur, die Wollentuch=Manufaktur, und die
Fingerhuts=Fabrik, welche zusammen nach einer
Mittelzahl ohngefähr alljährlich einhundert dreizehn
tausend zweihundert drei und neunzig und einen
halben Rthlr. fremdes Geld ins Land bringen. Die
Stadt Düren soll bis 1124 zum Reich gehört ha=
ben, und von Kaiser Friedrich II. an Wilhelm
Grafen von Gülch verpfändet worden seyn, wel=
che Handlung Kaiser Karl IV. 1348 genehmiget.
Man behauptet, die Stadt habe Marius Vespa=
sianus

ſianus Agrippa erbaut, und habe zu den Zeiten der Römer Marcodurum geheiſſen.

Münſtereifel die dritte Hauptſtadt des Lan= des liegt an der Erft, welche in der Eifel ent= ſpringt, und im Erzſtift Kölln in den Rhein fällt. Sie trägt den Namen von dem da befindlichen Münſter, oder Collegiatſtift, faßt ſonſt noch drei Kirchen, ein Pfarr= und Schulhauß, ein Manns= und ein Nonnenkloſter, ohngefähr vierhundert fünfzig Gebäude und gegen tauſend fünfhundert Einwohner in ſich.

Euskirchen nennt ſich die vierte Hauptſtadt, ſie liegt an der Köllniſchen Gränze, hält eine Kir= che, ein Pfarr= und Schulhauß und etwa vierhun= dert Gebäude mit ſiebenhundert Einwohnern.

Die Chauſſeen von dem Herzogthum ſind erſt unter der gegenwärtigen Regierung errichtet wor= den, ſie erleichtern den Handel ungemein und ha= ben mehrere hunderttauſend Rthlr. gekoſtet.

Die Kriegsmacht der beiden Herzogthümer Gülch und Berg werden aus gemeinſamen Mitteln unterhalten; man will alſo hier nur anmerken, daß in der Hauptſtadt Gülch gewöhnlich ein Grenadier= ein Fuſilier=Regiment und eine Kompagnie Ar= tilleriſten in Garniſon liegen, ſonſt befindet ſich noch eine Kompagnie des Garniſon=Regiments zu Monjoye.

Die Gülchiſchen Steuern, ohne die Neben= beiſchläge, betrugen 1786 nach den landſtändlichen Akten vierhundert ſiebenzig tauſend ſiebenhundert drei und ſiebenzig Rthlr. in vier und zwanzig
Gulden=

Guldenfuß; die Einkünfte der Kammer sind auch von grossem Belange freilich müssen die Ausgaben auch eine ansehnliche Summe auswerfen.

Die Regierungsform des Landes ist gemischt, denn der Herzog hat Stände an der Seite, die gemäß ihren Privilegien Theil an der Regierung haben. *) Ein zeitlicher Herzog von Gülch übt einige Gerechtsame in der Reichsstadt Aachen aus, hat aber dermalen keine Stimme auf der allgemeinen deutschen Reichsversammlung, wohl ist er nebst dem Bischof von Münster mit Cleve abwechselnd kreisausschreibender Fürst und Direktor im Westphälischen Kreis. Nachdem (1069 Merz 25) Herzog Wilhelm von Gülch, Cleve und Berg ꝛc. ꝛc. ohne männliche Erben verstorben war, nahm Pfalzgraf Wilhelm von Neuburg nebst Kurbrandenburg dessen sämmtliche Ländereyen in Besitz, liessen solche einige Zeit in Gemeinschaft regieren, und theilten solche endlich (1666) unter sich, wo Pfalzneuburg nebst den Herzogthümern Gülch und Berg die Herrschaft Ravenstein erhalten. Es sind also hundert neun und zwanzig Jahre, daß das Pfälzische Haus zum Besitz dieser Länder gelangte. Der dermalige Regent ist den 31. Christmonat 1742 ?.

---

*) Die Stände bestehen aus der Ritterschaft und den vier Hauptstädten Gülch, Düren, Münster-Eifel und Eußkirchen; diese haben sich 1628 und 1636 mit den Bergischen zu Erhaltung ihrer Privilegien verbunden. Die gemeinschaftliche Landtäge werden zu Düsseldorf gehalten. Wenn ein Ritterbürger von acht Ahnen auf einem Rittersiz aufschwöret, so wird er ein Mitglied der Landstände, wenn gleich der Rittersiz sein Eizenthum nicht ist.

1742, wie er die Pfalz angetreten, auch in dieser Besitzung gefolgt.

Die Nachfolge sichert dem Pfalzgräflichen Geschlecht ein Vergleich von 1742, welcher durch die Nachfolge des itzigen Landesherrn noch seine volle Rechtskraft erhalten, wenn aber die Pfalzgrafen am Rhein ganz außsterben sollten, so fällt dieses Herzogthum an Kurbrandenburg.

Die katholische Geistlichkeit steht unter den Erz = und Bißthümern Kölln, Münster und Lüttich. Vermög der Religionsvergleichen, welche den 26. April zu Köln an der Spree und den 20. July (1673) zu Düsseldorf von Brandenburg und dem Pfalzgrafen Philip Wilhelm errichtet worden, sollen die Augsburgische Confeßions = Verwandte sowohl Reformirte, als Lutherische bey der öffentlichen gottesdienstlichen Uebung, Kirchen, Kapellen, Schulen, Pfründen, Renthen, Güthern und Einkünften, welche sie zur Zeit der Errichtung dieser Vergleiche in den Herzogthümern Gülch und Berg inne gehabt, und genossen, ungehindert und ruhig verbleiben, und geschützet, auch das, was ihnen Kraft dieser Vergleiche wieder einzuräumen ist, ohne die allergeringste Säumniß ersezt werden. Sie sollen Macht haben ihren Gottesdienst, wie derselbe in den reformirten und lutherischen Kirchen unter evangelischen Herrn geübt und getrieben wird, in allen Stücken ungehindert zu üben und zu treiben, auch Kirchen, Kapellen, Pfarr = Schul = und Küsterhäuser und was sonst mehr zum Gottesdienst nöthig ist, auf ihre Kosten zu bauen, und zu unterhalten. Ihre Prediger und Kirchenbediente sollen alle Freyheit genießen und bey ihren Kirchenordnungen geschützet werden.

E

werden.   Ihre Kirchen=Visitationen, zu welchen
der Landesherr seinetwegen eine evangelische Per=
son abschickt und ihre Kirchenzucht soll durch nichts
gehindert werden.   Ihre Ehesachen suchen ihre
Synoden, Klassen, Presbyteria, Consistoria und
Inspectorate zu schlichten ; wenn aber die Güte
innerhalb drei Monaten nicht verfangen will,
werden die Sachen an die landesfürstliche Regie=
rung zu Düsseldorf verwiesen, daselbst verhandelt
und alsdann an evangelische Rechtsgelehrte zur
Entscheidung geschickt.   Wo Katholische und Evan=
gelische (1624) im Magistrat gewesen, da sollen
sie wieder eingesezt und gelassen werden, andrer
Stücke nicht zu gedenken.   Wenn ein Theil wider
diesen Vergleich handelt, soll der andre, welcher
ihn hält, nach vorgegangener Untersuchung beeder
Theile zur Retorsion berechtigt seyn.

Das Gülcher Volk ist rauh, wacht aber sorg=
fältig über seinen Privilegien, Herkommen und
Gewohnheiten ; es läßt sich darin keinen Nagel=
breit kränken.   Die Agrikultur des Landes kommt
darum nicht zu ihrer möglichen Vollkommenheit,
weil den Verbesserungen die Communen oder Ge=
meinden oft entgegen sind ; vorzüglich würde die=
ses erzweckt werden, wenn die grossen Höfe und
sogenannte Halfen in kleinere vertheilt würden;
die Realisirung dieser Wünsche, schreibt Herr Wie=
beking, hängt aber größtentheils vom Adel und
vorzüglich von der Geistlichkeit ab.   Obgleich
die Manufakturen und Fabriken im Gülchischen
nicht so zahlreich als im Bergischen sind, so brin=
gen sie doch jährlich nach einer Mittelzahl sechs=
hundert fünf und siebenzig tausend vierhundert
sechs und neunzig Rthlr. fremdes Geld ins Land.
Korn wird jährlich ins Ausland verkauft etwa für
acht=

achtmal hundert tausend Rthlr. ; der Speditions-
Handel trägt dem Lande alle Jahr fremdes Geld
dreißig tausend Rthlr. ; das Gülcher Land erhält
also jährlich über Abzug aller auf Gewürze, Weine und ausländische Waaren des Luxus gehabten
Auslagen zweimalhundert fünf und vierzig tausend
vierhundert sechs und neunzig Rthlr. fremdes Geld.
Gute Landschulen sind vielleicht hier nöthiger, als
in irgend einem andern Lande ; die Eltern sehen
wegen der grossen Betriebsamkeit überhaupt ihre
Kinder lieber bey der Arbeit als in den Schulen.

Das Herzogliche Wappen besteht in einem
schwarzen Löwen im goldenen Felde, welcher im
zweiten Schilde der ersten Abtheilung des ganzen
Kurfürstlichen Wappens steht.

Der Landesherr theilt den von Herzog Ger-
hard zu Gülch im fünften Jahrhundert wegen einem über Arnold von Egmond erhaltenen Sieg gestifteten und vom Kurfürst Johann Wilhelm 1709
erneuerten St. Hubert = Orden, von dem er sich
Großmeister nennt, an eine unbestimmte Zahl Fürsten, und zwölf vom gräflich oder freyherrlichen
Stande, und zwar ohne Rücksicht auf Religion
aus.

Von dem Herzogthum Berg.

Das Bergische Land ist von Kaiser Wenzel 1380
zu einem Herzogthum erhoben worden; es liegt im
Westphälischen Kreis, gränzt gegen Morgen an
Nassau=Siegen, an das Herzogthum Westphalen,

und

und an die Grafschaft Mark, gegen Abend an das
Erzstift Kölln, gegen Mittag an ebendasselbe und
gegen Mitternacht an das Herzogthum Cleve. Das
Herzogthum Berg enthält nach einer genauen Be=
rechnung, die sich auf Herrn Wiebekings Karte *)
gründet, neunmal hundert siebenzig tausend fünf=
hundert sechs Bergische Morgen, oder vier und
fünfzig $\frac{51}{64}$ Quadratmeilen.

Die Bevölkerung beträgt zweihundert ein und
sechzig tausend fünfhundert und vier Seelen, mit=
hin wohnen auf der Quadratmeile viertausend sie=
benhundert siebenzig; eine Bevölkerung, die in
wenigen Ländern in Europa statt findet.

Der Rhein fließt an der Abend= und die Ruhr
an der mitternächtlichen Seite des Landes; alle die
übrigen Flüsse und Bäche als der Wüpperfluß,
Sulzefluß, Dünfluß, Acherfluß u. s. w. ergiessen
sich in solche.

Das Klima ist nicht mehr so sanft, wie am
Oberrhein, daran sind die Berge, Wälder und die
vielen das Land durchkreuzenden Bäche Ursache.

Die Erzeugnisse des Landes bestehen in Feld,
Garten und Baumfrüchten, die Agrikultur gewinnt
dadurch ungemein, weil man im Bergischen we=
nig große Dörfer aber viele tausend einzelne Höfe
und Häuser zählt. Die herrlichen Wiesen, der
eingeführte künstliche Futterkräuterbau begünstigen
die

---

*) Diese besteht aus vier Sektionen nach einem Maaßstab,
von dem fünfhundert Rheinländische Ruthen auf einen De=
zimalzoll gehen.

die Viehzucht ungemein. Gegen den Oberrhein
wird auch noch etwas Wein gebaut. An Holz ist
zwar zur Zeit noch kein Mangel, doch glaubt Herr
Wiebeking: daß Vorschläge, wie einem künftigen
Holzmangel vorzubeugen seye, sehr nöthig wären.
Die Wildfuhr ist beträchtlich und an kleinem und
Federwild ist nirgends Mangel. Der Rhein, die
Ruhr, wie die übrigen Flüsse und Bäche des Landes geben den Einwohnern allerhand Fische und
Krebse. Die funfzehn Löwenpfähle liegen zu Ober-
kaldenbach und geben jährlich vierhundert drei und
vierzig Hauf Eisen und der Erbstollen zu Ober-
kaldenbach zweihundert zwei und funfzig. Das
Mittelbacher Bleiwerk giebt an Blei tausend zwei-
hundert und zwei Maas, an Kupfer neun Centner. Der Weißenberg Eisen zehn Hauf. Die
Bleischlade bei Mittelbach sieben und zwanzig Maas.
Das Bleibergwerk bei Huscheid ein und vierzig
und einen halben Centner. Die Magdalenen
Grube im Amt Windeck Eisen dreißig Centner.
Im Jahre 1792 gaben die Bergwerke bey Engs-
fild an Kupfer zweihundert Centner. Bey Wild-
berg sind die Silber = und Bleihütten verfallen.
Die Bergwerke geben überhaupt an jährlicher Aus-
beut 1.) siebenhundert fünf und vierzig Hauf Eisenstein, 2.) tausend zweihundert siebenzig Centner
Blei, 3.) zweihundert neun Centner Kupfer. Die
Unterhaltungskosten betragen neunzehntausend siebenhundert vierzehn Rthlr.; durch sie finden zweihundert funfzig Menschen Arbeit und funfhundert
Nahrung. Die Manufakturen und Fabriken des
Landes sind beträchtlich. Vom Wasser werden getrieben hundert funfzig Reckhämmer, sieben und
dreißig Bredde= acht Amboß= neun Sensen= vierzig Rohlstahl= sieben und vierzig Stahlraffenerie-
und achtzehn Staab=Eisenhämmer; ferner fünf

E 3 Eisen=

Eisenhütten und hundert sechszig Schleiffkotten.
Siebentausend fünfhundert Menschen arbeiten in
den Kleinschmiedereien von Remscheid, Kronen=
berg und Lüttringhausen; zweitausend fünfhun=
dert in denienigen, welche in der Herrschaft Har=
denberg und in den Aemtern Angermund, Landß=
berg und Mettman getrieben werden. Die Soh=
linger Fabrik ernährt über viertausend, und das
ganze Eisencommerz achtzehntausend hundert sie=
ben und zwanzig Menschen. In den Bergischen
Eisenhütten werden jährlich tausend hundert vier
und zwanzig Hauf *) Eisenstein verblasen, und
da die innländischen Bergwerke nur siebenhundert
fünf und vierzig Hauf geben, so ziehen diese Hüt=
ten noch vom Außlande dreihundert neun und sie=
benzig Hauf; mithin fehlt es an Eisensteinen. Die
auf diesen Hütten geschmolzene Masse beträgt vier=
tausend dreihundert sechs und vierzig Karren, wo=
zu zwölf tausend zweihundert fünf und zwanzig
Karren Holzkohlen gebraucht werden; sie bringen
jährlich gegen fünfzig tausend sechshundert acht
und vierzig Rthlr. fremdes Geld ins Land. Die
achtzehn Staabhämmer verschmieden dreitausend
hundert sieben und achtzig Karren Gußeisen, wo=
zu achttausend vierhundert neun Karren Holzkoh=
len (die Karre enthält sieben und vierzig $\frac{5}{17}$
rheinländische Kubikfuß) gebraucht werden; sie
bringen dem Lande jährlich vier und zwanzig tau=
send dreihundert fünf und neunzig Rthlr. fremdes
Geld; das verfertigte Staabeisen beträgt zweitau=
send

---

*) Der Hauf Eisenstein enthält achtzig Tróg, ieder zu $\frac{3}{4}$
Pf. Köllnisch. Eine Karre Gußeisen sechs Stale oder neun=
hundert ein und neunzig Pfund, ein Stale wiegt hundert
fünf und sechzig $\frac{1}{6}$ Pfund Köllnisch.

send dreihundert vier und achtzig Karren (zu neunhundert zwei und neunzig Pfund); und endlich
beschäftigen diese Hämmer dreihundert sechszehn
Personen.

Die hundert fünfzig Reckhämmer ziehen auß
dem Siegischen und auß Westphalen achtzehntausend Karren Staabeisen. Daß Reckeisen beträgt
sechszehntausend zweihundert Karren, wozu hundert dreizehn tausend und vierzehn Eimer Steinkohlen auß der Graffschaft Mark gezogen werden.
Im Jahr 1770 kostete ieder Eimer auf der Grube fünf Stüber, iezt sieben ⅓ Stüber; Impost im
ersten Jahre zwei ½ Stüber, iezt vier; drei Eimer kosten den hiesigen Fabrikanten mit Transport
ein Rthlr. vier und zwanzig Stüber. Der Betrieb dieser Reckhämmer erfordert fünf und siebenzig tausend sechshundert zwei Rthlr. außländischen
Vorschuß; er bringt dem Lande jährlich hundert
zwei und vierzig tausend vierhundert vier und siebenzig Rthlr. frembes Geld und ernährt zwölf-
hundert Menschen. Die Rohstahlhämmer, Stahl-
raffenerie = Amboß = und Sensenhämmer (hundert
vierzehn an der Zahl) ernähren tausend sechs und
zwanzig Menschen. Sie erfordern Stahlkuchen
fünftausend zweihundert Karren; sechstausend fünfzig Karren rohen Stahl vom Außlande; fünftausend zweihundert Karren rohen Stahl von den
Bergischen Rohstahl = Hämmern werden in den
Stahlrafenerie=Hämmer verarbeitet; ferner erfordern sie hundert fünf und siebenzig Karren altes
Eisen, hundert ein und zwanzig tausend neunhundert sechs und fünfzig Eimer Steinkohlen und
fünfzehntausend sechshundert Karren Holzkohlen.
Sie liefern an Masse zehntausend hundert drei und
sechszig Karren; der einheimische Vorschuß, den

sie

sie erfordern, beläuft sich auf hundert sieben und
vierzig tausend achthundert fünf und dreißig Rthlr.;
sie bringen dem Lande jährlich zweimal hundert
vier und zwanzig tausend sechshundert ein und
achtzig Rthlr.

Die Kleinschmiedereien im Lande und die Sohlinger Fabrik liefern an fertigen Fabrikaten zehn
tausend sechshundert sieben und vierzig Karren.
Sie erfodern an Steinkohlen, zweihundert sieben
und sechszig tausend und drei und dreißig Eimer, an
Holzkohlen zweihundert dreißig Karren; an einheimischen Vorschüssen neunmalhundert fünf und siebenzig tausend fünfhundert zwei und dreißig, an
auswärtigen Vorschüssen achtmalhundert drei und
zwanzig tausend achthundert Rthlr.; endlich bringen sie dem Lande jährlich reinen Gewinnst eine Million zweimalhundert ein tausend und ein Rthlr.
Die sieben und dreißig Breddehämmer ernähren dreihundert siebenzig Menschen; ziehen von den Bergischen Staab = Eisenhämmern tausend dreihundert
drei und zwanzig Karren; vom Auslande an ro-
hem Stahle vierhundert ein und vierzig ¼ Karren;
tausend fünfhundert Karren Osemund, und drei
und dreißig tausend dreihundert Eimer Steinkohlen. Die Fabrikate, welche sie verarbeiten, betragen zwei tausend siebenhundert fünf und siebenzig
Karren; der innländische Vorschuß zu ihrem Betrieb
ist neunzig tausend neunhundert und zehn Rthlr.,
der auswärtige hundert fünf und vierzigtausend
sechshundert zwanzig Rthlr. Endlich gewinnt das
Land mittelst diesen sieben und dreißig Hämmern hundert neuntausend achthundert funf und dreißig
Rthlr. Das ganze Eisencommerz, welches aus den
Eisen = und Kupferhütten, aus den Eisenhämmern,
den Kleinschmiedereien, und aus den Sohlinger
Fabri-

Fabriken entspringt, liefert sechs und vierzig tau=
send fünfhundert zwölf Karren verarbeitete Masse,
braucht vierhundert fünf und achtzig tausend drei=
hundert neun und zwanzig Eimer Steinkohlen,
fünf und fünfzig tausend achthundert neun und sie=
benzig Karren Holzkohlen; an einheimischen Vor=
schüssen eine Million vierhundert vierzehn tausend
und vier und vierzig Rthlr., an ausländischen
Vorschüssen zwei Millionen fünf hundert acht und
fünfzig tausend zwei hundert siebenzehn ⅞ Rthlr.;
bringt endlich dem Lande fremdes Geld jährlich
eine Million siebenmalhundert neun und fünfzig
tausend zwei hundert fünfzig Rthlr. Die bergi=
schen Grund = Eigenthümer allein erhalten durch
dasselbe, für obige Holzkohlen, für iede Karre
zwei Rthlr. also einhundert eilf tausend siebenhun=
dert acht und fünfzig Rthlr.; hier wird der Köh=
ler = und Fuhrlohn noch nicht mit in Anschlag ge=
brachte.

Die hundert fünfzig Bleichen, die Band,
Lind (zweitausend fünfhundert vierzig Getaue);
Siamoisen und Doppelsteine (viertausend zweihun=
dert Stühle) und Bettziehen=Manufakturen; fer=
ner der Garnhandel in den Kirchspielen Elberfeld
und Barmen, so wie die Färbereien, Lohgerberei=
en und Seiden = Manufakturen daselbst ernähren
jährlich zwanzigtausend vierhundert sechszig Men=
schen; sie erhalten ausländischen Vorschuß zwei
Millionen fünfhundert neun und neunzig tausend
zweihundert sechs und fünfzig Rthlr., und vom
Lande eine Million zweihundert ein und zwanzig
tausend fünfhundert fünf und dreißig, und brin=
gen jährlich eine Million fünfhundert sieben und
zwanzig tausend dreihundert ein und dreißig Rthlr.
fremdes Geld ins Land. Die seit 1756 neu ent=
E 5   stan=

standene Hand=Baumwollspinnereien in den Aemtern
Steinbach, Hückeswagen und Kirchspiel Much er=
nähren siebentausend zweihundert vier und vierzig
Menschen; erhalten ausländischen Vorschuß zwei=
mal hundert ein und zwanzigtausend neunhundert
fünf und siebenzig Rthlr; sie bringen jährlich hun=
dert acht und neunzig tausend hundert und neun=
zehn Rthlr. fremdes Geld ins Land. Die Wollen=
tuch=Manufakturen .(zweimal hundert vier und
achtzig Stühle)*in Lennep, Hückeswagen, Wip=
perfürt, Wermelskirchen, Langenberg , Rad vorm
Walde, in Lüttringhausen, und auf den um diese
Städte und Dörfer liegenden Höfen ernähren
zweitausend achthundert vier Menschen , erhalten
ausländischen Vorschuß sechsmal hundert sieben
und siebenzig tausend einhundert vier und siebenz=
zig Rthlr. und vom Innlande dreimal hundert
acht und fünfzig tausend achthundert sechs und
neunzig Rthlr. ; sie bringen jährlich fünfhundert
zwei und dreißig tausend hundert sechs und acht=
zig Rthlr. fremdes Geld ins Land. Die Siamoi=
sen=Manufakturen (dreitausend vierhundert Stüh=
le) in Lennep, Rad vorm Walde, Lüttringhau=
sen, Hückeswagen, Wipperfürt, Ronsdorf, und
auf den umliegenden Höfen ; ferner in der Herr=
schaft Hardenberg , und die zerstreut liegende in
den andern Aemtern des Landes nähren sechstau=
send Menschen , ziehen ausländischen Vorschuß
neunmal hundert sechs und dreißig tausend neun=
hundert sieben und zwanzig Rthlr.; vom Innlan=
de viermal hundert fünf und vierzig tausend zwei=
hundert ein Rthlr. und vom Auslande gewinnt
das Land jährlich fünfmal hundert neun und fünf=
zig tausend zweihundert sieben und fünfzig Rthlr.
Die Burger=Deckenmanufaktur verfertigt achtzehn
bis vier und zwanzig tausend Stück im Jahre,
nährt

nährt dreihundert Menschen, bekommt ausländi=
schen Vorschuß fünf und fünfzig tausend achthun=
dert dreizehn Rthlr.; innländischen vierzehntau=
send acht Rthlr., bringt fremdes Geld jährlich
neunzehn tausend sechshundert vier und neunzig
Rthlr. ins Land. Die dreizehn Papiermühlen ver=
fertigen dreitausend Ballen Papier, nähren drei=
hundert Menschen, erhalten fremden Vorschuß sie=
benzehn tausend fünfhundert vierzig Rthlr, vom
Innlande fünftausend neun und fünfzig Rthlr.,
ziehen jährlich neunzehn tausend vierhundert vier=
zig Rthlr. fremdes Geld ins Land. Die drei und
dreißig Loh= zwei und siebenzig Oel= vier Farb=
und sechszehn Walkmühlen nähren siebenhundert
fünf und zwanzig Menschen; der auswärtige, als
innländische Vorschuß, so wie das fremde Geld,
so mittels solchen ins Land zu kommen pflegt,
kommt nicht in Rechnung, weil ihr Ertrag schon
bey den Manufakturen gerechnet ist.

Die Baumwoll= Spinnenmaschine bey Ratin=
gen, die Sammet= Seiden= und Floretseiden=
Manufakturen; die Eßig= Seifen= Licht= und Ta=
baks= Fabriken nähren tausend siebenhundert Men=
schen, und bringen jährlich hundert neunzig tau=
send Rthlr. fremdes Geld ins Land. Der Han=
del mit Englischen Manufaktur=Waaren und mit
Weinen ernähren jährlich neunhundert Menschen;
der ausländische Vorschuß dazu beträgt eine Mil=
lion ein und sechszig tausend Rthlr. und der inn=
ländische siebentausend Rthlr.; fremdes Geld kommt
dadurch ins Land ein und achtzig tausend hundert
acht und sechszig Rthlr. Das Commerz, welches
aus den Hütten, Hämmern, Kleinschmiedereien,
und aus der Sohlinger Fabrik entspringt, ernährt
achtzehn tausend siebenhundert sechs und fünfzig
Men=

Menschen; das Ausland schießt hiezu zwei Millionen fünfmal hundert acht und fünfzig tausend zweihundert siebenzehn Rthlr.; das Innland eine Million viermal hundert vierzehn tausend und vier und vierzig Rthlr. vor, es kommt dadurch alljährlich eine Million siebenmal hundert neun und fünfzig tausend zweihundert und fünfzig Rthlr. fremdes Geld ins Land.

Die hundert fünzig Bleichen bleichen jährlich vierzig tausend Centner Garn. Auf zweitausend fünfhundert vierzig Landgetauen wird jährlich eine ungeheure Ellenzahl gewebt, die nicht bestimmt werden kann, weil auf einigen zwanzig bis vierzig Stücke auf einmal gewebt werden. Aber auf den siebentausend sechshundert Siamoisen = und Doppelstein = Stühlen werden jährlich verfertigt wenigst neunzehn Millionen und vierzig tausend Brabanter Ellen. Auf den zweihundert vier und achtzig Tuchstühlen ist die fertige Waare im Jahre dreimal hundert zwölftausend vierhundert Brabanter Ellen.

Das Land ist in achtzehn Aemter getheilt, sie heissen Angermund und Landsberg; Barmen und Beienburg, Blankenberg, Bornefeld und Hückeswagen, Düsseldorf, Elberfeld, Löwenberg und Lülsdorf, Mettmann, Miselohe, Monnheim, Mühlheim und Porz, Sohlingen mit Burg, Steinbach, Windeck.

Im Bergischen liegen zwölf Städte, sechs Freiheiten *, acht und achtzig Kirchdörfer, hundert fünf

---

*) Die Freiheiten (Flecken) hatten ehedem ihre Magistrate; diese sind aber in den meisten aufgehoben und die Freiheiten

fünf und vierzig Ritterſitze *), zwei Unterherrſchaften, **) drei Lehen und eine verſezte Herrſchaft; ***) ferner hundert und achtzehn katholi-
ſche

ten den Amts-Jurisdiktionen untergeordnet. Die Einwohner ſolcher Freiheiten nennen ſich noch ſezt Bürger, und
ſind mit Dienſten, z. B. wenn der Landesfürſt ein Schloß
baut, verſchont. Dieß muß aber den Ausländer nicht
auf den Gedanken bringen, als ob hier zu Lande eine
Leibeigenſchaft oder d. gl. exiſtirte; hievon findet auch
nicht die geringſte Spur ſtatt: nur müſſen die Grundeigner für den Schuz, den ſie genießen, ihrem Fürſten zum
Baue ſeiner Schlöſſer behülflich ſeyn.

*) Dieſe ſind ſteuerfrei, auch wenn ſie einem Bürgerlichen
zugehören. Auf iedem Ritterſize kann ein Ritterburger
von acht Ahnen aufſchwören, wodurch er ein Mitglied der
Landſtände wird, wenn gleich der Ritterſiz nicht ſein Ei-
genthum iſt.

**) Die Beſizer der zwei Unterherrſchaften Hardenberg und
Broich halten ihren eigenen Landtag zu Düſſeldorf, ſie
tragen nicht zur ganzen Steuermaſſe bei, ſondern beſtim-
men dies Quantum auf ihren Unterherrn-Landtagen, welches gewöhnlich aufs Jahr dreitauſend Rthlr. beträgt, und
nicht in die Steuer- ſondern in die Domainen-Kaſſe fließt.
In dieſen Herrſchaften üben die Inhaber durch ihre Schul-
theiſen die Gerichtsbarkeit über perſönliche und dingliche
Klagen aus; von dieſem Gerichte findet die Appellation
zum Gülch und Bergiſchen Hofrath ſtatt. Da dieſe Herrſchaften Bergiſche Lehen ſind, ſo dürfen ſie auch keine Po-
lizei-Verfügungen veranſtalten, welche dem allgemeinen
Beſten des Landes zuwider ſind.

***) Von dieſen drei Herrſchaften ſind Schöller und Oden-
thal Bergiſche Lehen; Stprum iſt ein Reichslehen; die
verſezte Herrſchaft iſt Richrath.

sche Pfarrkirchen, ein und vierzig Lutherische· und
fünf und dreißig Reformirte, hundert dreizehn
katholische Kapellen, vier und dreißig Klöster.
In den achtzehn Aemtern des Landes (ausser den
beeden Unterherrschaften Hardenberg und Broich)
liegen tausend vierzig adelich freie *) fünfhundert
zwei und achtzig geistlich freie, siebenhundert neun
und achtzig Churmuths **) und hundert acht und
zwanzig Sattelhöfe , ***) achtzehn tausend steuer=
bare Güter und gegen vierzigtausend Häuser. Die
Hauptörter davon sind.

Lennep,

---

*) Wenn die Güter von dem Besitzer, er sey adelich oder
bürgerlich, bewohnt und bearbeitet werden, so werden keine Steuern von ihnen entrichtet; sind sie aber verpachtet,
so muß ein Viertheil der Grundstücke versteuert werden.
Das nämliche findet bei den geistlich = freien Gütern statt.

**) Die Eigenthümer solcher Höfe müssen, im Falle sie den
Hof oder einen Theil desselben verkaufen wollen, solches
zuvorderst der Hofkammer anzeigen; die Domainen = Casse
erhält sodann nach dem Herkommen gewöhnlich zwei pro
Cent vom Verkauften. Stirbt der Churmuthsträger eines solchen Hofes, so müssen die Erben des Besitzers das
beste Pferd, das beste Stückvieh (Haupt) oder einen Geld=
betrag dafür zur Domainen = Casse, dem Fürsten liefern.
Uebrigens sind einige dieser Höfe steuerbar, andere ganz
steuerfrei. Man kann hierüber auch Buris Lehen = Recht
IV. Fortsetzung, Selchow und Windscheids Differtatio de
bonis laticis & Curmedicis nachsehen.

***) Diese sind adelich frei, müssen aber in Kriegszeiten ei-
nen bewafneten Reuter sammt einem Pferde stellen.

Lennep, sie ist die erste Hauptstadt; man zählt hier ein Pfarr= und Schulhauß, etwa neunhundert öffentliche Gebäude und Häuser. Die Einwohner belaufen sich auf fünftausend vierzig Seelen. Hier verdienen angemerkt zu werden die sehr beträchtlichen Wollentuch= und Siamoisen= Manufakturen. Die Tuchmacher=Innung ist hier 1793 aufgehoben worden, weil sie, wie jede andere Innung, schädlich war. Die Lenneper Kaufleute beschäftigen auch auf den um die Stadt gelegenen Höfen vierhundert Siamoisen=Getaue und hundert und zehn Tuchstühle; von den ersten waren vor fünfzig Jahren keine und von dieser nur wenige vorhanden.

Ratingen nennt sich die zweite Haupstadt des Landes, sie liegt zwei Stunden von der Haupt und Residenzstadt Düsseldorf; zählt fünf Kirchen, drei Pfarr= und Schulhäuser, ein Manns= und ein Nonnenkloster, etwa sechshundert zwanzig öffentliche Gebäude und Wohnhäuser und dreitausend siebenhundert sieben und neunzig Einwohner. Hier sind zu merken die Sammet= Seiden = und Flor= Manufakturen; die Baumwoll = Spinnenmaschine, die durch Hülfe des Wassers getrieben von sich selbst Baumwoll spinnt, und so groß ist: daß sie in einem Tage so viel spinnt, als sonst tausend Menschen kaum sollen gesponnen haben.

Düsseldorf ist die dritte Haupt= und zugleich Residenzstadt von Gülch und Berg, sie liegt am rechten Rheinufer, führt ihren Namen von der durch die Stadt fliessenden Bach Düssel; sie ist wohl befestigt, faßt zehn Kirchen, drei Pfarr= und Schulhäuser, zwei Manns = und zwei Nonnenklöster, über tausend fünfhundert zwanzig öffentliche

Ge=

Gebäude und Häuser. Die Bevölkerung beläuft
sich auf zwanzig tausend fünfhundert neun und fünf=
zig Menschen. Hier ist der Sitz des Gülch und
Bergischen Geheimenraths, und der übrigen über
das Land gesezten landesherrlichen Stellen; hier
versammlen sich die Gülch und Bergischen Stände,
sonst befindet sich noch hier eine juristische Akade=
mie, bey der vier Lehrer angestellt sind, die sich
der Gerichtbarkeit von erster Instanz zu erfreuen
haben, eine Akademie der schönen Künsten, bey
der ebenfalls Lehrer angestellt und die reichlich be=
soldet sind; eine Akademie der Chirurgie und ein
Gymnasium.

Im Umfang der Stadt verdienen gesehen zu
werden die landesherrliche am Rhein gelegene Re=
sidenz, in solcher die Bilder=Gallerie, diese steht
dreimal die Woche offen, jedermann bis auf den
niedrigsten Handwerksburschen hat freien Ab= und
Zugang, und der junge Künstler laßt sich nach Be=
lieben ein Gemälde, um es zu kopiren, abneh=
men; die den 30. Merz 1770 gestiftete Bibliothek,
das Gebäude der Akademie der schönen Künste und
in solchem die Abgüsse antiker Statuen, die von
den Ständen um vier und zwanzigtausend Rthlr.
angekaufte Sammlung der Kupferstiche und Zeich=
nungen, das physikalische von dem in Mannheim
verstorbenen Geheimenrath Hemmer 1789 einge=
richtete Kabinet, die Instrumente der Akademie
der Chirurgie, die Bildsäule des Kurfürsten Jo=
hann Wilhelm, so ihm die Stände auf dem Markt=
plaz haben setzen lassen. Bey der Stadt verdient
der Hofgarten angemerkt zu werden.

Wipperfürt ist die vierte Hauptstadt, sie liegt
an dem Wipperfluß, zählt zwei Kirchen, zwei
Pfarr=

Pfarr = und Schulhäuſer, gegen die neunhundert
bürgerliche Häuſer und andere Gebäude und fünf=
tauſend ſechshundert ſieben und fünfzig Einwohner.
Hier ſind Wollentuch = und Siamoiſen = Manufak=
turen und eine ſehr erträgliche Baumwollſpinne=
rei; ohnweit der Stadt liegt an der Gaulbach
ein Reckhammer und an der Wipper ein Staabei=
ſenhammer.

Die Chauſſeen von dem Herzogthum ſind erſt
unter der gegenwärtigen Regierung errichtet wor=
den, ſie koſteten bisher vierhundert ein und acht=
zig tauſend ſiebenhundert acht und vierzig Rthlr.,
und halten fünf und fünfzig tauſend ſechshundert
ein und achtzig ¼ rheiniſche Ruthen in der Länge,
ſie führen von Derendorf bis nach dem Duisbur=
ger Wald — von der Neuſtadt nach den Steinen,
von dieſer Chauſſee bis Volmerswerth — von De=
rendorf nach Kettwig über Ratingen; — vom Pem=
pelfort nach Rittershauſen über Elberfeld — von
Pempelfort nach dem Weſterwald, — von Krum=
menwege nach Mühlheim an der Ruhr — von
Hettdorf nach der Kolfurter Brücke — von Mühl=
heim am Rhein nach Hückeswagen — von Godorf
nach Oberweßlingen; — die von Brücke bis Ho=
henkeppel und vom Jägerhauſe nach Lennep ſind
in Arbeit.

Man hat ſchon oben bey Gülch erinnert, daß
man die Kriegsmacht nach den in iedem Lande
garniſonirenden Truppen hier anſetze. In Düſſel=
dorf liegen insgemein drei Fuſilier = Regimenter
und eine Kompagnie vom Artillerie = Regiment;
in der Neuſtadt bey Düſſeldorf ein Kuraßier = Re=
giment; zu Bensberg und Benrad eine Kompagnie
vom Garniſon = Regiment. Die Kriegsmacht bei=

F   der

der Herzogthümer bestünde also nach dem Frie=
densfuß in fünftausend neunhundert sechs und vier=
zig, nach dem vermehrten Friedensfuß in sechs=
tausend sechshundert acht und vierzig und nach
dem Kriegsfuß in siebentausend hundert sechszehn
Köpfe.

Die Steuern des Landes betrugen 1783 zwei=
mal hundert acht und vierzig tausend sechshundert
drei und fünfzig Rthlr., und die Kameral=Ein=
künfte sind durch die abbezahlte Schulden um fünf
und siebenzig tausend siebenhundert sechs und sie=
benzig Rthlr., und die ganze Summe durch den
Einfluß der Fabriken um einhundert zwanzig pr.
Cent vermehrt worden. Die Steuern des Landes
fliessen nicht in die fürstlichen Cassen, sondern die=
nen entweder zur Sicherheit des Landes oder zur
Bezahlung der Diäten und andern Landes=Noth=
wendigkeiten; nur das fürs Militär Akkordirte
fließt unmittelbar in die Militär=Casse. Um die=
ses anschaulicher zu machen, so sezt man die Aus=
gabe=Rubriquen hieher. Diese sind:

1.) Zum Unterhalt des Militärs; 2.) Wez=
larische Kammerzieler; 3.) Kreis=Simpeln; 4.)
Dotalgelder an die verwittibte Herzogin von Bai=
ern; so aber dermalen glaublich aufgehört; 5.)
Criminalgericht zu Gülch, zu Düsseldorf und Dü=
ren; 6.) Landesgehälter; 7.) geheime Cänzlei;
8.) Gesandschaften; 9.) Gehälter für die Steuer=
bedienten; 10.) Canzlei=Erforderniße; 11.) Gna=
dengehälter; 12.) Landtags=Diäten; 13.) Banko=
gehälter, und zur Banko=Casse; 14.) Wasserbau;
15.) Arbeitshaus zu Kaiserswerth; 16.) Sicher=
heits=Corps; 17.) Landtags=Renner, in dem klei=
nere Ausgaben vorkommen.

Aus=

Ausländer sehen also, daß die Landessteuern zu keinem andern Gebrauche, als für das Land selbst angewendet werden.

Die Regierungsform des Landes ist wie bey Gülch gemischt. *) Ein zeitlicher Herzog von Berg hat dermalen keine Stimmen auf der allgemeinen deutschen Reichsversammlung, hingegen hat er auf den Westphälischen Kreistägen die dritte Stimme. Der Ankunfts = Titel ist der nemliche, wie bey Gülch.

Die Nachfolge bleibt dem Pfalzgräflichen Hause nach dem bey Gülch angeführten Vergleich ohne Widerred ohnbenommen.

Was von der geistlichen Verfassung bey Gülch gesagt worden, ist hier ganz nachzuhohlen, nur muß man noch Herrn Wiebekings Nachricht über diesen Gegenstand anführen. Die Religionsduldung, schreibt er, wovon man in vielen Ländern so manches laute Rühmen hört, wird hier ganz in der Stille ausgeübt. Kein Protestant wird auf irgend eine Weise gekränkt. Wenigstens ist von Seiten der Regierung eine solche Kränkung beispiellos, und die Unternehmungen einzelner, an Vorurtheilen haftender Privatpersonen kommen nicht in Rechnung: denn sie bleiben ohne Erfolg.

F 2　　Das

---

*) Die Stände bestehen aus der Ritterschaft und den vier Hauptstädten Lennep, Ratingen, Düsseldorf und Wipperfürt. Das übrige hier einschlägige ist bei Gülch nachzulesen.

Das Berger Volk hält auf seine Privilegien und Gerechtsame, vergiebt nicht leicht davon et=was, ist ein Beispiel ohne Beispiel, wie weit der menschliche Fleiß es bringen kann. Die Mechanik hat hier Werke aufgestellt, die die menschliche Be=wunderung immer verdienen werden. Von dem Gewinnste (schreibt Herr Wiebeking) den Fabrikan=ten erzielen, legen sie einen grossen Theil zum An=kauf der Grundstücke an ; sie bauen sich neue und prächtige Häuser, wo zuvor eine Hütte stand, und geben der umliegenden Gegend Arbeit. Sie ziehen zum Betriebe der Fabriken mehr Menschen um ihre Wohnung; alle wollen leben, und suchen von den Grundeigenthümern kleine Plätze für ihre Häuser und Gemüsgärten zu kaufen, die Grundstücke stei=gen demnach bald ; der in der Nähe wohnende Ackersmann kann sein Getreide, Obst, Butter und Käse gleich für baare Bezahlung absetzen; er ver=bessert also den Ackerbau und die Viehzucht. In=dem er auf diese Weise seine Grundstücke meliorirt, ·. trägt er seinen Gewinnst in das Vermögen seiner Nachkommen über. Die Fabrikanten bringen jähr=lich zwei Millionen siebenmal hundert fünf und vier=zig tausend achthundert sieben und zwanzig Rthlr. mehr fremdes Geld, als vor fünfzig Jahren ins Land.

Gute Landschulen fehlen aber durchaus, denn es liegen in diesem Herzogthum wenig grosse Dör=fer, aber viele tausend einzelne Höfe und Häuser, wovon man sich durch den Anblick der Wiebeking=schen Karte überzeugen kann. Diese Vertheilung der Grundstücke ist unstreitig für die Oekonomie die vortheilhafteste, sie verursacht aber auch, daß jeder Grundeigner seinen eignen Hirten halten muß, welche Verrichtung sodann den Kindern an=heim fällt. Daher werden die meisten (weil jede

Gat=

Gattung von Vieh allein gehütet wird) nur die
Wintermonate zur Schule geschickt, und bleiben auch
alsdann, bey heftiger Kälte, wegen der öfters
halbe Stunden weiten Entfernung der Schulörter
zu Hause. Ueberdies geben die hiesigen Manufakturen, besonders das Baumwollspinnen und das
Abspulen des Garns, den Kindern Arbeit, und
den Eltern Verdienst, daher halten diese ihre Kinder lieber zu der Arbeit als zum Schulgehen an,
und räumen ihnen nur wenig Zeit zu dem leztern
ein. Aus diesen Ursachen kommt es hier mehr
als anderswo auf eine gute und faßliche Metho-
de im Unterricht an. Ein Seminarium (meynt
Herr Wiebeking, in welchem Schullehrer gebildet
würden, wäre demnach hier eine sehr nöthige
Anstalt.

Zu den katholischen Schulen hat der Kurfürst
1773 den Ertrag von den Jesuiter=Güthern bestimmt, der alljährlich eine Summe zwischen zwölf
bis vierzehn tausend Rthlrn abwirft. Eine Summe! welche in wenigen Ländern, die mit dem
Gülch= und Bergischen von gleichem Umfange sind
zu Schulanstalten verwendet wird. Jezt wird vorzüglich an der Verbesserung der Landschulen gear-
beitet. Dem würdigen und gelehrten Geheimen-
Rath Windscheidt, der in diesem Fache mitarbei-
tet, wird (wenn sein Plan zur Ausführung kommen sollte, schreibt Herr Wiebeking) der Dank
künftiger Generationen für seine Bemühungen
nicht entgehen.

Das Herzogliche Wappen besteht in einem rothen Löwen mit einer blauen Krone, welcher im
dritten Schilde der ersten Abtheilung des ganzen
Kurfürstlichen Wappens steht.

F 3   Von

Von der Herrschaft Erkelenz.

Erkelenz liegt in einer schönen und fruchtbaren Ebne im Westphälischen Kreis vier Stunden von Gülch, sie besteht aus einer Stadt und ihrem Gebiet, und ist ganz vom Herzogthum Gülch umgeben, mag etwa ¼ Quadratmeile fassen.

Die Zahl der Einwohner kann sich auf dreitausend vierhundert achtzig Seelen belaufen. Das Klima und die Erzeugniße sind die nemlichen, wie in dem Herzogthume Gülch.

Weil diese Herrschaft blos in der Stadt mit ihrem Gebiete besteht, so findet keine weitere Abtheilung statt. Erkelenz ist eine sehr alte Stadt, dessen Vestungswerker geschleift worden. Man zählt hier einige Kirchen, ein Pfarr = und Schulhauß, über vierhundert funfzig bürgerliche und andere Gebäude. Die Zahl der sämmtlichen Einwohner mag sich, wie gesagt, auf dreitausend vierhundert achtzig Seelen belaufen.

Die Einkünfte können neun biß zehntausend Rthlr. betragen.

Der Kurfürst ist hier souvrainer Herr, er steht wegen dieser Besitzung weder mit dem deutschen,

---

*) Die Herrschaft sollte erst nach Ravenstein folgen, weil sie aber im westphälischen Kreis, und Ravenstein in den Generalitätslanden liegt, so hat man solche der Lage wegen hier vorgezogen.

schen, noch einem andern Reiche oder Lande in einigem Verband, er läßt die Herrschaft durch einen Direktor verwalten. Erkelenz hatte ehedessen zu Spanisch Geldern gehört; Spanien behielt es sich auch noch im zehnten Art. des 1714 abgeschlossenen Badischen Friedens vor; 1719 kam es aber mit Genehmhaltung Kaiser Karl VI. als damaligen Herzogs von Geldern in Gemäßheit eines 1715 schon abgeschlossenen Vergleichs an Pfalz.

Erkelenz gehört auch zu dem Pfalzbaierischen Familien=Fideicommiß, folglich ist die Nachfolge den beiden Häusern Pfalzzweibrücken, und Pfalzbirkenfeld Gelnhausen auf den Eröfnungsfall gewiß.

Die Einwohner dieser Herrschaft sind alle katholisch und stehen unter dem Erzstift Köln, sie sind fleißig und nähren sich zum Theil mit dem Feldbau, zum Theil mit bürgerlichen Gewerben.

Der Kurfürst führt wegen dieser Besitzung weder Titel, noch Wappen.

Von der Herrschaft Ravenstein.

Die Herrschaft Ravenstein liegt in den Generalitäts=Landen, oder in den Landen, welche die sieben vereinigte Provinzen durch gemeinschaftliche Waffen erobert haben, und zwar in dem Brabantischen Antheil; ihr Flächen=Innhalt ist vielleicht zwei und eine halbe Quadratmeile.

F 4   Die

Die Zahl der Einwohner kann ſich auf zehn=
tauſend fünfhundert fünf und fünfzig Seelen ſicher
belaufen ; es lebten alſo auf einer Quadratmeile
etwas über dreitauſend neunhundert vier und fünf=
zig Menſchen.

Der merkwürdigſte Fluß des Landes iſt die
Maas, von deſſen Urſprung iſt das einſchlägige
bey Gülch nachzuleſen.

Das Klima iſt gemäßigt, und die Erzeugniſ=
ſe des Landes beſtehen in einem Ueberfluß an Feld=
Gärten= und Baumfrüchten. Die Viehzucht iſt an=
ſehnlich. Die Waldungen geben den Einwohnern
Holz. An Wildpret und Fiſchen hat das Land
auch keinen Mangel; auch zählt man einige Manu=
fakturen und Fabriken.

Unter den fünfzehn Ortſchaften dieſer Herr=
ſchaft iſt Ravenſtein die Hauptſtadt, ſie iſt klein,
und liegt an der Maas. Man zählt in ſelber ei=
nige Kirchen, zwei Pfarr= und Schulhäuſer, et=
wa dreihundert fünfzig Gebäude. Hier iſt der
Sitz des Landdroſts. Man ſieht noch das Schloß,
auf dem die alten Herren von Ravenſtein gewohnt
haben.

Die Einkünfte dieſer Herrſchaft ſollen ſich
auf vierzig bis fünfzig tauſend Rthlr. belaufen.

Der Kurfürſt läßt die Herrſchaft durch einen
Landdroſt regieren, ſie geht von den Generalſtaa=
ten zu Lehn. Dieſe haben ſich auch das Recht
vorbehalten in die Stadt Ravenſtein in Kriegs=
zeiten eine Beſatzung zu legen; ſonſt haben ſie in
derſelben nichts zu befehlen, ziehen auch gar keine
Ein=

Einkünfte aus ſolcher. Die Herrſchaft Ravenſtein wurde wie Gülch und Berg, doch mit dem einzigen Unterſchied, geerbt: daß Brandenburg dieſe Beſitzung gegen den Empfang von fünfzig tauſend Rthlr. an Pfalz abgetreten hat.

Was bey den Herzogthümern Gülch und Berg wegen der Nachfolge erinnert worden, gilt auch wieder bey Ravenſtein.

In dem Generalitäts = Lande iſt überhaupt die herrſchende Kirche die Reformirte; weil aber die Katholiken die Reformirten an der Zahl übertreffen, ſo iſt ihnen auch alle gottesdienſtliche Freiheit verſtattet, doch dürfen ſie keine Proceßionen und andere öffentliche Feierlichkeiten anſtellen.

Der Geiſt des Niederländers herrſcht hier, es giebt fleiſſige und überhaupt arbeitſame Menſchen im Ravenſteiniſchen, die ſich der Agrikultur, der Viehzucht, und dem Handel widmen.

Der Kurfürſt führt zwar die Herrſchaft in ſeinem Titel, aber nicht das Wappen; dieſes beſteht in einem ſilbernen ſchrägen Balken mit einem ſchwarzen Raben.

Von dem Markgrafthum Berg op Zoom.

Das Land Berg op Zoom erhob Kaiser Karl V. zu einem Markgrafthum; es liegt in den Generalitäts=Landen im Antwerpner Quartier, es wird durch einen Arm der Schelde und durch den Fluß Eendragt von der Provinz Seeland geschieden. Der Flächen=Innhalt, so wie die Einwohnerzahl kann aus Abgang näherer Nachrichten nicht zuverläßig angegeben werden.

Die Schelde, so in der Picardie in Frankreich entspringt, fließt in diesem Markgrafthum, und theilt sich bey Zandvliet in zwei Arme; der von Morgen, geht durch das Marquisat; der von Abend scheidet das holländische Flandern von Seeland, beede ergießen sich aber in den Ocean.

Das ganze Land ist in vier Quartiere oder Theile eingetheilt, als in das Ost, Süd, West und Nordquartier. Unter den zweien Städten und drei und zwanzig Dörfern, aus denen das Markgrafthum besteht, ist der merkwürdigste Ort

Berg op Zoom, so die Hauptstadt vom ganzen Lande ist, sie liegt an der Schelde, führt ihren Namen von der durch die Stadt laufenden Zoom, die sich hier in die Schelde ergießt, sie ist stark befestigt. Man zählt hier eine holländisch reformirte, eine zwischen den französisch Reformirten und Lutheranern gemeinschaftliche Kirche, und eine Kapelle für die Katholiken, etwa
sechs

sechs Pfarr = vier Schul = und tausend bürgerliche
Häuser und Wohnungen. Die Bevölkerung von
dieser Stadt mag über zwölf bis vierzehn tausend
Menschen betragen. Hier ist der Sitz der Rech=
nungskammer, und des Lehnhofes. Man sieht hier
das alte Schloß, der Hof genannt, auf dem die
alten Markgrafen gewohnt haben.

Die Einkünfte sollen sich auf eine Summe
von jährlichen drei und achtzig tausend Gulden
belaufen.

Das Land läßt der Kurfürst durch einen Ge=
neral=Kommissär verwalten ; die Regierung ist
aber sehr beschränkt , denn das Land steht unter
der Oberherrschaft der General=Staaten; ein zeit=
licher Markgraf muß auch dem Rath von Bra=
bant huldigen. Das Land erbte des itzigen Kur=
fürsten Vater Johann Christian Pfalzgraf zu Sulz=
bach, als Franz Ego seiner Gemahlin Vater oh=
ne andere Leibeserben 1722 verstorben war.

Auf den Fall : daß die Pfalzsulzbachische Li=
nie im Mannsstamme abgehen sollte ; soll nach
Büsching dieses Land auf das Hauß Auvergne in
Frankreich fallen , das man doch als ganz gewiß
nicht verbürgen will.

Die herrschende Religion ist, wie in den ver=
einigten Niederlanden überhaupt die Reformirte,
und steht hier zu widerhohlen, was bey Ravenstein
in dieser Hinsicht gesagt worden.

Das

Das Volk ist überhaupt fleißig, sparsam, reinlich; es legt sich auf den Feldbau, die Vieh= zucht, und treibt Handel.

Das Wappen besteht in drei silbernen Kreuz= chen über drei grünen Hügeln, es befindet sich in der zweiten Abtheilung im zweiten Schilde des ganzen Kurfürstlichen Wappens.

Von der Herrschaft St. Michael= Gestel.

Diese Herrschaft liegt auch in den Generalitäts= Landen im Quartier Oosterwyk an der Dommel. Der Flächen=Innhalt, so wie die Bevölkerung über= haupt kann auch hier nicht angegeben werden.

Dommel heißt der Fluß, der durch die Herr= schaft fließt, er entspringt im Bißthum Lüttich und fließt gegen Abend zwischen St. Michael=Gestel, Alt= und Neu=Harlear, und fällt bei Heimeshus in den Ahrfluß.

Klima, Erzeugnisse bleiben wie bei Berg op Zoom die nemlichen, vorzüglich sollen aber die Ein= wohner des Oosterwyker Quartiers gute Tücher lie= fern.

Die Herrschaft besteht blos aus den Dörfern St. Michael=Gestel und Gemonde und dem Kastel=
le

le Alt- und Neu-Harlear; von welchen man nichts
Merkwürdiges anzugeben weiß.

Wie viel die Herrschaft dem Kurfürsten ertra-
ge, kann nicht angegeben werden, und wegen derselben Verwaltung, Ankunfts-Titel, als Nachfolg
u. s. w. hat alles, was bei Berg op Zoom gesagt worden, hier wieder statt.

Von der Herrschaft Winnendal.

Diese liegt im Burgundischen Kreis in dem Oester-
reichischen Antheil von Flandern in dem sogenannten freien Lande. Der Flächen-Innhalt und die
Volkszahl kann aus Abgang genauer Nachrichten
nicht angegeben werden.

Die Schelde, deren Ursprung bey Berg op
Zoom nachzulesen, und die Lys, die in der Grafschaft Artois in Frankreich entspringt, und in
die Schelde sich ergießt, sind die Flüsse, die auch
diese Herrschaft berühren.

Das Klima ist gemäßigt, und überhaupt,
wie in ganz Flandern fruchtbar. — Die Erzeugnisse bestehen in einem Ueberfluß von allen Arten
Getreids, Garten- und Baumfrüchten, vorzüglich
wird viel Flachs gebauet. Die Viehzucht ist an-
sehnlich. Man macht hier gute Butter und Käse.
Die Wälder geben den Einwohnern Holz. An
Wild-

Wildpret aller Art hat das Land auch keinen Mangel. Es giebt hier auch Manufakturen und Fabriken.

Die Herrschaft ist in die Magistrate der Stadt Roullers, der Stadt Cleves in Langenmarque, der Stadt Thourout, in den von Winnendal, von Cortenmarque, von Pausche und Vieversch eingetheilt.

Winnendal, von dem sich die ganze Herrschaft nennt, ist nur ein Flecken zwei Stunden von der Stadt Brügge entlegen, hat ein altes Schloß, dessen Größe und Bevölkerung nicht kann angegeben werden.

Da die Herrschaft ziemlich beträchtlich ist, so mag sie doch dem Kurfürst jährlich gegen vierzigtausend Gulden eintragen.

Der Kurfürst läßt die Herrschaft durch einen General-Kommissär und durch Amtmänner regieren; die Appellationen gehen aber an den Hof von Flandern. Da des freyen Landes Magistrat in dem Landhause zu Brügge sich ordentlich als Stände von Flandern zu versammlen das Recht haben, so ist kein Zweifel: daß nicht auch Winnendal daran Antheil habe. Der Ankunfts-Titel, und die Nachfolge ist mit Berg op Zoom ein und die nemliche.

Die herrschende Religion ist die Katholische, die Einwohner und ihre Geistlichkeit stehen unter dem Bißthum Brügge.

Der

, Der Winnendáler, wie úberhaupt die Flan=
derer ſind gutmúthige, fleißige und erſindſame
Leute, ſie treiben den Feldbau mit Einſicht, und
verſtehen ſich auf Handel und Wandel.

Der Kurfúrſt fúhrt wegen dieſer Beſitzung
weder Titel noch Wappen.

Von der Herrſchaft Breßken und Breßkens = Sand.

Dieſe Herrſchaft liegt in den Generalitáts = Lan=
den, und zwar in dem freien Lande von Sluis.
Der Flächen = Innhalt, und die Volkszahl kann
auch hier nicht genau angegeben werden. Vom
Klima, von den Erzeugniſſen gilt hier alles wie=
der, was bey Winnendal und úberhaupt von Flan=
dern dort geſagt worden.

Weil die Herrſchaft nur aus den angefúhrten
zweien Ortſchäften beſteht, ſo hat keine weitere
Untereintheilung ſtatt, auch weiß man nichts
Merkwúrdiges davon zu ſagen. Die Einkúnfte
ſind unbekannt; die ganze Herrſchaft läßt aber
der Kurfúrſt durch einen Einnehmer und Droſ=
ſard verwalten. Dieſe Herrſchaft hat mit Berg
op Zoom den nemlichen Ankunfts = Titel, und we=
gen der Nachfolg gilt auch hier wieder das nemliche.

In

In Hinsicht der Religion kommt hieher zu wiederholen, was bey Berg op Zoom, und in Hinsicht des Charakters und Sitten, was bei Winnendal gesagt worden. Auch wegen dieser Besitzung führt der Kurfürst weder Titel noch Wappen.

Innhalt.